ORIGINAL POINT PSYCHOLOGY | 沅心理

36万遍
感恩的奇迹

[日] 村上贵仁 —— 著
王海颖 —— 译

华龄出版社
HUALING PRESS

北京市版权局著作权合同登记号 图字：01-2024-2685 号

图书在版编目（CIP）数据

36万遍感恩的奇迹 /（日）村上贵仁著 ；王海颖译 . -- 北京 ：华龄出版社，2024.8
ISBN 978-7-5169-2776-2

Ⅰ. ①3… Ⅱ. ①村… ②王… Ⅲ. ①心理学－通俗读物 Ⅳ. ①B84-49

中国国家版本馆 CIP 数据核字（2024）第 110296 号

策划编辑	颉腾文化	**责任印制**	李未圻
责任编辑	王 慧	**装帧设计**	colin
书　　名	36 万遍感恩的奇迹	**作　　者**	【日】村上贵仁
出版发行	华龄出版社 HUALING PRESS	**译　　者**	王海颖
社　　址	北京市东城区安定门外大街甲 57 号	**邮　　编**	100011
发　　行	（010）58122255	**传　　真**	（010）84049572
承　　印	文畅阁印刷有限公司		
版　　次	2024 年 8 月第 1 版	**印　　次**	2024 年 8 月第 1 次印刷
规　　格	880mm × 1230mm	**开　　本**	1/32
印　　张	5	**字　　数**	98 千字
书　　号	ISBN 978-7-5169-2776-2		
定　　价	59.00 元		

序言

Preface

这个东西还有生菜的味道吗?

我是二十岁过半才开始务农的。妻子纱由美的娘家自她曾祖父那一辈起，便迁居北海道的洞爷，开始了大规模的农耕种植。作为第三代继承人的岳父曾前往美国学习近代农业，回国后成为洞爷地区培育和种植生菜的第一人。我在那里学习如何耕种田地，接着继承农场，从此开启了务农生涯。

农业对我而言是一个全然未知的世界，不过我却觉得它充满魅力。在大自然中辛勤劳作，难道不是一件特别带劲的事情吗？一想到自己在辽阔的大地上活动身体、挥洒汗水的情景，梦想也变得越发远大起来。

“我要种好吃的蔬菜，让大家感受幸福的味道！”

这是当时下定决心准备务农那会儿，我对纱由美许下的豪言壮语。

终于找到了适合自己的工作，我激情澎湃，高兴得不知如何是好。

我一直认为找工作就要找被他人需要的工作。小时候，我是个运动困难户，体操老师的一句话却让我爱上了这项运动，高中时期的我甚至参加了北海道全道运动大会。一个对运动会和体育课避之不及的人，居然能踏上全道运动大会的赛场，任谁都会觉得难以置信吧。

那次经历给了我莫大的信心，原来有些事只要你肯努力就能做好。从此以后，我爱上了运动，梦想着有朝一日也能像我的体操老师那样，让不擅长运动的孩子体验到运动的乐趣。如果可以，我想成为学校的体育老师。虽然后来因为种种原因未能如愿，不过我还是在一家运动俱乐部谋得了一份教孩子们游泳的教练工作。

教会孩子们去感受活动身体的快乐，这件事情学校的体育老师能做到，俱乐部的游泳教练一样也可以。我一心扑在了工作上，甚至连节假日都顾不上休息。

然而，工作了几年后，我渐渐发现自己前行的脚步已经偏离了出发时的方向。我不再关心运动是否能给孩子们带来快乐，相反，我变成了一个满脑子只想着提升学员游泳纪录的魔鬼教练。这么做对吗？孩子们开心吗？他们真的需要我吗？我开始产生疑问，并试图寻找答案。

“难道你已经完全忘了体育差生的感受了吗？”

“当初想得好好的，一定要教会孩子们发现运动的乐趣，现在怎么变成这样了？”

我思来想去，最后想明白了：照这么下去可不行！于是，我辞去了俱乐部的工作。

那么接下来，我该何去何从呢？

不管怎么说，我都想找一份被人需要、能让他人获得快乐的工作。可是，究竟什么样的工作才是不可或缺的呢？

就在我苦苦思索答案的时候，突然灵光一现：“去种田！”耕田种地当农民是一份为人们提供盘中餐、口中粮的工作。无论是谁都离不开五谷菜蔬，对于人类生存而言，农业是不可或缺的，可以说，这世上没有比务农更重要的工作了。正好妻子的娘家就是农户，没啥可犹豫的，就是它了！

纱由美是四姐妹中的老大。作为家中长女，她自幼便被当作农场的继承人培养长大。农场经过几代人的传承，历史悠久，因此对于父母的殷切期望，她也无法置之不理。纱由美常说，虽然自己是女孩，但父母是把她当儿子来养的。

可是，等到了和父母约定好该回去继承农场的时候，纱由美却觉得札幌的工作比之前想象的更有意思，虽说也舍不得洞爷的农场，可她迟迟拿不定主意，总觉得扎根札幌或许是一个更好的选择。于是，家里人也开始考虑是不是该由妹妹来继承农场。就在这个节骨眼上，我提出了“去种地”的想法，这对纱由美而言或许是从迷惘中脱身的契机。“好嘞，那咱们就一起回去吧。”她对我说。

就这样，我们朝梦想迈出了第一步。

然而，等待我们的现实却是我们夫妇俩跌宕困苦的人生从此拉开了序幕。在第一章中我会对此予以详细记述。总而言之，那些日子里吃的苦、遭的罪真是一言难尽。太糟糕了！为什么会这样！究竟该怎么办！谁来帮帮我们！让我们发出类似哀叹的事情层出不穷，实在叫人难以招架。我陷入抑郁状态，甚至一到夜里就会怪叫着奔到屋外，不到清晨不回家。

我的精神状态持续低迷，直至沉入深渊。所幸有句俗语是这么说的："沉入河底后，剩下的事就是慢慢往上浮了。"通过自己的努力，我最终走出了困境。我曾拼命地抓住各种各样的救命稻草浮出水面，所有这些经历都成为我人生道路上巨大的财富。如果没有突然坠入深渊而后又在沉浮中苦苦挣扎的那些日子，我可能就无法获得包括本书主题"感恩农法"在内的人生财富了。

刚到洞爷时的情景至今仍然历历在目。

目睹了理想与现实的巨大反差后，我惊得无以言表。

我是怀着一腔赤诚、意气风发地冲向农场生产第一线的。当时的我立志要种出美味的蔬菜，让所有人感到幸福。可如今的农业以及从事农业周边的环境都和"与大自然同生共息"之类的口号南辕北辙。虽然我也明白，在现代化的社会中必须把便利、舒适和合理性放在首位，但我始终无法说服自己认同这样的观点。沉重的打击接连而来，我似乎听到了梦想被砸碎的声音。

有一天，我去加工厂参观学习。我们农场种植的生菜被运往那里，经过加工包装后再送往便利店和家庭餐厅。我迫切地想看到自己精心种出的生菜是如何被加工成商品，人们又是如何愉快地享用我们的劳动成果的，我想亲眼见证自己正在从事一项人人都需要的工作。

然而……

我太天真了。当看到生菜加工的整个过程后，我又惊又痛，呆立当场。

工人从箱子里取出生菜后直接去掉菜心，将其放到工厂的流水线上，用药水反复清洗、漂白、添加防腐剂、再脱水，然后装进包装袋。接着，它们会被送往便利店、家庭餐厅，做成色拉、三明治，最终送入顾客口中。

面对加工厂的厂长，我忍不住脱口而出："这个东西还有生菜的味道吗？"

厂长一副理所当然的样子，面不改色地回答道："应该没有生菜的味道了吧。"

"为什么要加工到这种程度呢？"我追问。

厂长不厌其烦地解释道："我们最怕的就是生菜里会掺带异物，再说生菜很快就会变黄、腐坏，那样就没法当成商品售卖了。"

想想也是，顾客去便利店买三明治，要是看到夹着的生菜叶子已经发黄，是肯定不会买的。现今，从物流、食品管理的角度来看，为了清洗、漂白生菜，不惜让它失去本真的味道，这或许也是无奈之举吧。

然而，只要一想到自己辛辛苦苦种出的蔬菜遭受这般对待，我心里真是痛惜得不得了。

在加工厂里，我还目睹原本已经蔫头耷脑的生菜在使用药剂后宛若重生，变得又新鲜又水灵，同时还看到大量食材被丢弃的现象。

“所谓食物究竟是什么呢？”

从那天开始，我就一直在思索这个问题。

这就是我务农的开始。当时的我习惯用“对”和“错”来评判生活中的一切，所以特别容易和身边的人与事发生冲突。

日子越来越难熬，我也陷入抑郁的泥淖，每天都在纠结要不要放弃务农这个行当，之后甚至连宝贝儿子也离我而去。幸运的是，我终于找到了应该坚持下去的那条路——尊重、关爱所有生命的“感恩农法”。现在的我每天都过得很开心，这都得益于我实践了“感恩农法”，并将从中领悟的生存之道应用在了日常生活中。

写这本书的目的正是想让更多人了解“感恩农法”，并让它在自己的生活中发挥作用。我从大自然、农田、蔬菜还有大地[①]身上学到了这些道理。何谓生命？何谓幸福？大自然究竟为何物？希望读者能从我自身的经历和体悟中获得一些启发。

祈愿诸位都能拥有属于自己的精彩人生，阅至书末，相信你一定会有所收获。

---

① 作者的长子。——译者注

目录
Contents

第三章 大地教会我的五大原则 / 049

第一章

爱子骤然离世

痛彻心扉的感悟

“宝贝儿子说没就没了，老婆也被宣判随时都可能撒手人寰，农场眼看就要关门歇业，倒霉事一桩接着一桩，这一天天的你怎么还笑得出来？”

有人会有这样的疑问。的确，现在的我脸上总带着笑容。成天乐呵呵的，不免遭人挤兑：“这家伙心可真够大的”“真是让人羡慕啊”。可就算是这样，我也会有烦恼，也会遇到伤心事，也会感到痛苦。不过无论何时，我都能笑对一切。

有人问我是如何做到的，对此，我的回答是：“这一切都要归功于我坚持实践的‘感恩农法’。”“感恩农法”不仅在农业耕种方面有应用，同时成为我个人的生存之道。

我从去世的长子身上，从庄稼、田地，甚至从小虫子、微生物那里，学到了很多很多。最初难以理解的事物，在不断积累经验的过程中逐渐变得熟悉，最终融入我的身心。能够做到这一点的原因，其实只是在日常生活中不断地学习，并将所学应用到实践中。

即使是田里的庄稼，也会经受各种各样的考验，不论是连续不断的雨水还是酷热的天气，抑或是寒冷、虫害、疾病等问题。然而，它们从不怨天尤人，而是将田地作物的和谐共生视为要务，在协作互助的同时，为了活出自己的精彩而奋力生长。

看着它们努力的模样，同为地球生物的我也燃起了拼尽全力活下去的斗志。和庄稼一样，我的生命也面临着数不清的考验，但我逐渐意识到，考验之所以存在，正是为了让我活出精彩，成为一个对周遭生命都有所助益的人。

一路走来，支持我的除了亲朋好友，还有许许多多的人，甚至连野草、虫子、微生物都是向我伸出援手的亲密伙伴。这样一想，我的心情就会变得愉悦起来，感恩之情一旦喷涌而出，幸福感就会接踵而至，充盈内心。

正因如此，我才能一直笑口常开。

不过这样的转变并非发生在朝夕之间。1997 年我开始在洞爷务农，当时还什么都弄不清楚，意外便接二连三地不期而至。当时，我没法做到笑着接受一切，只会不断地哀叹“为什么偏偏是我……”。那些日子里，我失魂落魄、心力交瘁，随时都处在崩溃的边缘。“撑不下去了”“我不行了”，这样的念头也不知在脑海里翻滚了多少遍。

然而，正是这些磨难教会了我很多道理，而认识到这一点，也是在苦海中沉浮与挣扎的结果。

我不太喜欢跟人叹苦经，但如果要谈到“感恩农法”，那我最初面临的苦况以及从中获得的体悟便成了无论如何也绕不开的话题，所以请允许我在这里略做交代。

从 1997 年来洞爷务农的九年间，我的精神状况每况愈下，最初怀揣的希望和憧憬早已灰飞烟灭。我已经尽力而为，可情况还是没有好转。我甚至想打退堂鼓，和纱由美商量要不要离开洞爷。虽然没去医院确诊，但我知道自己十有八九是抑郁了。半夜里，我一边怪叫着一边赤脚跑到屋外，这样的情景时有发生，但我却完全没有记忆，等清醒过来，人不是躺在车里就是倒在牧草上，望着天际破晓，嘴里嘟囔着“天亮了，该干活了”，这才起身往家走去。纱由美一直担心我跑出去是不是想做傻事，我倒是没想过要自杀，不过开车时总会冷不丁冒出这样的念头：最好被哪辆车撞一下，车子冲过路边坠下悬崖，好一了百了。

为什么会变成这样？原因我很清楚。开始务农后，原先的理想轰然坍塌。内心的不平、不满、愤怒、悲伤层层堆积，我的精神世界逐渐分崩离析。

立志打破由来已久的农家常规

刚开始务农的时候，我和纱由美曾下定决心，既然好不容易从事这一行，就一定要干出成绩来，让这个行当焕发“新”机。我俩经常乐此不疲地商量一定要建立一个能让从事农业的人获得幸福感的制度。所谓农家，长久以来都遵循着一套惯有的流程工作，他们的工作方式在我这样的上班族眼里简直匪夷所思。哪天休息、几点到几点干活、什么时候可以停下来歇歇，这些都没有明确的规定，全凭农民伯伯的经验和直觉。今天要干什么活，不去田里看一看也是没法确定的。除此之外，对于第一次下地的菜鸟来说，难免会面临许多看不懂、难以理解的情况。

不止是农场，不管哪里的农场都遵循着这套惯例。我和纱由美立志要打开农业界的新局面，商量着如何做才能让整个行业越变越好。“我们得把上班时间、工作时长、休息时段都做一个明确的区分，当然，还要发工资，对了，还要举行早会。”

可说起来容易，做起来难。

要知道在洞爷，这些可都是开先河的创举。虽然我不遗余力地向大家宣传我们想让业界变得更好的理念，却没有获得其他农家的认可。即便如此，我还是按照自己的想法将周日定为农家的休息日。“要是礼拜天不干活，那会坏了农民的生计。”岳父母泼来一盆冷水。他们每天还是照下地不误。看着二老佝偻的身影，我真希望自己能想办法让他们休息一下，可即便特意定好了休息日，他们还是一如既往。等周一去田里工作的时候，一想到前一天老人们都在干活而我俩却赋闲在家，便忍不住怪罪自己，心情也跟着低落起来。

像这样的事情周而复始，如同恶性循环。两代人的想法相去甚远，相处时也日渐尴尬。当初听说我们要继承农场，二老高兴得手舞足蹈，高呼万岁，没想到接触下来却发现我是个连活儿都干不利索、只会耍嘴皮子的家伙。他们一定大失所望吧。我又何尝不觉得幻灭呢？想当初我也是怀着远大理想投身农业的，可现实与理想相差太远。我已经完全陷入无所适从的混乱状态。

年幼女儿助我挨过苦恼岁月

渐渐地，我的意志越来越消沉。别人交代我做什么，我也只是嘴上敷衍着“好的，好的”，等到交活时只求不挨骂就好，对工作的热情早已荡然无存。

从那时起，我慢慢地变得不太会笑了，跟人沟通也是能免则免。就算有人主动搭话，我也默不作声，即便想应付两句，话也堵在喉咙口，怎么也说不出口，想调整一下僵硬的表情，脸就会不受控制地抖个不停。

在女儿出生的那段日子里，纱由美待在医院不能回家，我的情况进一步恶化。我觉得那里已没有自己的立足之地，于是精神世界一点点崩塌。

对我而言，长女唯花是拯救我的天使。

每当我恐慌症发作，嘴里发出怪叫时，女儿就会紧紧抱住我，一听到她的声音，我就会立即恢复神智。唯花总是千方百计地逗我笑，看着她那可爱的模样，已经丧失笑容的我会不由自主地扬起嘴角。每当这时，唯花就会高兴地大喊：“爸爸笑啦！爸爸笑啦！”

全家人一起吃饭的时候，我总是独自缩在角落里，一声不吭地拨弄筷子。这时，女儿一定会坐到我身边，和大家聊着天，缓和尴尬的气氛。她帮了我很大的忙，相比之下，我是一个差劲到极点的爸爸。

2001年，我的儿子大地出生了。对佐佐木家而言，这可是盼了好久才盼来的男孩，可把岳父母高兴坏了。然而，就像生女儿时那样，纱由美因为生产要离家一段日子，我独自一人留在家里，精神状态跌至谷底。在痛苦的煎熬中，我昏昏沉沉地过了一年、两年、三年，整个人越来越颓丧，越来越绝望。这种日子真是没法再过下去了，于是我们和岳父母商量，决定离开洞爷。

就在那时，意外发生了。大地突然离开了我们。他从幼儿园回来时还是好好的，说了声“我有点累了，先去睡会儿”就爬上床，谁知这一躺便再没醒来。那一天是2005年的11月10日。

就在那天，大地离开了人世间

来洞爷务农是我人生中一个重大转折点。当初我怀揣着梦想和希望，意气风发地来到了这里，不曾想在现实的打击下，心理遭受重创，整个人都坠入抑郁的黑洞。从1997年到2005年的九年间，我屡遭打击，经历了一连串噩梦。

另一个重大转折点就是大地离世，我也因此尝到了无以言表的哀恸。大地的离去如同一根导火索，引爆了我九年间郁积心头的负能量。然而同时，他也为我的生命带来转机，让原本已经淤塞的生命之河再次汩汩流淌。此后，每当河水即将停滞不前，或是迷失前行的方向时，我的耳边就会响起大地的声音：

“老爸，这里，是这边哦。”我想，这一定是大地在冥冥中为我指路领航。

有时，我也会幻想着：“要是现在大地还健健康康地活在世上……”

如果大地还活着，我们应该已经离开洞爷，在另一个地方生活。也许过得很幸福，也许过得更辛苦。虽然不知道会走上哪一条路，但我可以肯定的是，世上将不会有“感恩农法”，而它也不会和我的生命交织在一起。

在大地离开人世后，我和纱由美经过反复考量，决定在洞爷重新出发，打造理想农业。感谢所有生命的“感恩农法”，就是在那时突然出现的，而它的缔造者正是大地。

在大地离世的巨大冲击下，我的抑郁症状奇迹般地消散殆尽，然而宝贝儿子就这么没了，我悲痛到难以自持，一时间无法振作。大地离去后的那个冬天，我整日以泪洗面。等熬过洞爷刺骨的寒冬，空气中开始飘散春天的气息时，我的眼泪终于流干了。而后，我抬起一直低垂的头，突然间，一派全新的景象扑入眼帘。

大地启程前的一个月

大地是个与众不同的孩子。

虽然我们只相处了短短四年时间，但他启程前的那段日子却给我留下了难以磨灭的记忆。用今天的话来说，他是个灵性十足的孩子。

有一次，我带大地去朋友家，刚走进玄关，大地就对我说："我不要进去！"

"来都来了，为什么不进去呢？"

我连哄带骗，想带他快点进屋，可没想到大地却说："那个角落里有个黑乎乎的叔叔，好可怕！"

没办法，最后我们还是回到车里，一钻进车里，他就说什么也不肯出来了。当然了，朋友家的角落里压根就没有人。

有一年冬天还发生过一件事。

我和大地在外面散步，边上有条小河。大地一边走着，眼睛老是往河上瞟。

"你在看什么呢？"我问他。

"老爸，你说怪不怪？这么冷的天，怎么会有人待在河里呢？"

我当然什么人都没看见。

去熟人家里玩时，大地突然蹲下来开始说话。

"你在干什么呢？"

大地说："和狗狗说话呗。"然而，我连狗的影子都没看到。

还有一次，大地像是小心翼翼地抱着什么珍贵的物品回到家。

其实他怀里什么也没有，只是环着双臂做出怀抱的样子。

然后，他开口说："这束花是那个阿姨给我的哟。"

顺着大地的目光看过去，那里空无一人。

可是大地好像真的能瞧见有个阿姨正笑眯眯地看向我们。

是有点奇怪吧。不过，听说年幼的孩子能看到幽灵和鬼魂。是不是两三岁的小娃娃都和大地一样，能看到大人看不见的东西呢？还是说大地在这方面特别敏感、特别有灵性呢？

答案究竟是什么，我不得而知。我能做的只是在大地说话的时候静静聆听。他说得一本正经，我实在不忍心泼他冷水。虽然我看不见也听不到大地所看到、听到的事，但他说的话我从不曾怀疑过。

现在回想起来，在大地离世前的一个月，每天都有古怪的事情发生，而且数量之多，让我不得不产生这样的疑惑，他是不是自己知道马上就要离开我们了？换句话说，大地是不是已经决定要和我们告别了呢？

当时正是采收牛蒡的时节，也是一年中最为忙碌的时候。我和纱由美已经决定，等牛蒡采收完毕，我们就离开洞爷。就在那时，发生了一件事。

那天，我筋疲力尽地回到家，只听到大地一个劲地叫着“老爸——老爸——”。

无论是精神还是体力，我都已经濒临极限，实在没有余力顾及孩子了。

我对大地说：“老爸太累了，下次再陪大地玩。”可他就是不让我休息。

“这个坏掉了，老爸帮我修一下嘛。”说着，大地便把玩具拿到我面前。

第二天他又拿来一张 DVD，说“我想看这个”，而且每天都要看一张，不是《托马斯小火车》，就是他最喜欢的《超级战队》。

“老爸累了。”

不管我说了多少遍，他还是不肯罢休。大地从来都不是一个不依不饶的孩子，平日里，他非常乖巧懂事，听到大人说“累了”，马上就会走到一边自己玩。

架不住大地百般纠缠，那段时间里我只好躺在沙发上陪他看 DVD。

“我想去找谁谁谁，我好想好想见他哦。”好几次，大地还会大声说想去见朋友。

“老爸累了。”这句话对大地已经不好使了，他完全听不进去，无奈之下，我只好开车带着大地去见他朋友。

这样的日子一直持续到 11 月 8 日，那句“老爸累了”我也不知道翻来覆去说了多少遍。

坏掉的玩具都修好了，拿来的 DVD 都看完了，想见的朋友都见到了，然后到了 11 月 10 日，大地搬去了好远、好远的地方。

后来我才注意到，那些玩具按照修好的顺序排成了一排。

究竟是怎么一回事呢？让我修玩具、看喜欢的 DVD、去见想见的朋友，这一切都是因为大地知道自己只剩下一个月的时间，所以特意安排好了这些事情。除此之外，我找不到其他解释。

大地还曾一边让我们看他画的画，一边对我们说：“老爸老妈，要是想我了，记得来看看这些画哦。”

当时我们都有些摸不着头脑，现在想来，他是在为他走后的我们做打算啊。

“没事的，大地会守护大家的。”

此外，还发生过这样一件事。由于农场经营陷入困顿，我们欠下一大笔债。这件事我从未向家里的孩子提起过。可是，大地却做了一件很有意思的事。他把画画用的卡纸裁成了一个个长方形，在上面写了“1”，后面跟着一串“0”。他做了好多这样的卡片，叠在一起捆成一摞，放进抽屉。

他对我们说：“我做了好多钱，现在我们家有钱了，所以不用担心啦。”

爸爸妈妈因为没钱而发愁，所以我得做些什么来帮帮他们。大地是不是这样想的呢？也许他从我们的神情中看出了端倪，所以才会说“不用担心”这样的话吧。这是在大地离世前不久发生的事。

大地并不是因为疾病才离开我们的。每天，他总是活蹦乱跳地去托儿所，就连走的那天也和平日没什么不同，精神抖擞地去，元气满满地回。

他对我们说觉得有点累，先去睡会儿，然后过了不到两个小时，心脏便停止了跳动，也就是人们常说的猝死。他怎么会在一个月前就预感到自己将会离开我们呢？

可若非如此，那些一桩桩、一件件的悉心安排，又该如何解释呢？

虽然我也知道这有点不可思议，但是我真的认为大地就是带着这样的人生设定出生的，正是因为他清楚自己的命数，所以才会在走前的一个月里安排好一切事务，然后才与我们作别，自己去了天堂。

人为什么会如此轻易地说走就走

把大地的离世说成搬家，这种说法听着也许有些不同寻常。可我认为，如果大地自己决定按照人生设定离开，那么我们成天哭天抹泪，对他来说也许就是一种困扰。虽然大地走了，可是我和纱由美，还有他的姐姐和弟弟都觉得他还在。

大地一直在我们身边，一直在为我们加油鼓气，就好像他去往的地方离我们不过就是搬个家的距离，并不是什么遥不可及的地方。我们可以跟他打招呼，听到他的声音，然后继续活下去。所以我们才会说“大地搬走了”。可即便如此，丧子之痛实在难以承受，我和纱由美天天以泪洗面，浑噩度日。

等到眼泪流尽再也哭不出来了，我开始回顾自己过往的人生。一旦细数从前，我发现其实从我小时候起，“死亡”便一直潜伏在生活中。

为什么身边亲近的人会死去？是为了让我知晓“死亡”的存在，进而意识到有一股神秘的力量在操控着命运？它究竟想干什么？

最早接触死亡是在小学三四年级时，和我关系很好的女生突然去世了。前一天我们还在一起玩，第二天去学校的时候却发现她的课桌上摆着一束花。出什么事了？我莫名感到恐慌，随后老师怀着沉痛的心情告诉我们：“美和同学昨天洗澡的时候因血管破裂去世了。”

“怎么可能？我们不相信！”

大家都惊呆了。是啊，这样突如其来的意外当然没法让人接受。明明昨天还在学校和大家伙一起开心玩耍，怎么说没就没了呢？

我参加了她的守夜仪式。这是我第一次看到逝者的脸。

那时我就在想：“原来人会这么轻易地死去啊。”

第二次是上初中二年级时的事。要好的朋友得了癌症，反复出入医院。最后一次出院回到学校时，我们看她瘦了一大圈。当时我就担心，她可能会撑不下去。后来，朋友果然去世了，几年前的感受得到验证：“原来是真的，人就是会这么轻易地死去。”

这之后，我就做好了任何时候都有可能离开世界的心理准备。为了在死后不给周围的人添麻烦，我成长为一个勤于整理、善于安排好身边事务的少年。

进入青春期后，有一次我从朋友那里借来一本色情杂志，一口气看完后，我竟然萌生出一个顾虑：要是今晚死了，枕边放着小黄书，老妈肯定会觉得难堪吧（笑）。于是，那天夜里我特地跑到垃圾收集站扔掉了杂志。虽然是朋友的书，扔了就没法还，但我更担心死后被人发现我在看这种东西，会给亲人带来困扰。当时的我真是一个心思难以捉摸的少年。

直面死亡的经历还不止上述这些。

上高中时，同样是一个关系不错的朋友，他骑车时出了交通事故，不幸离世。由此我更加确信：谁也保证不了明天是否还能继续活在世上。

此外，大学时代我失去了一位非常重要的友人。我俩是在我打工的地方相识的，他比我年长三岁，毕业于一所不太好的高中，那里几乎全是不良少年和成绩一塌糊涂的差生，而他就是那伙人的老大，精力旺盛得没话说。其实现在回想起来，这真是一段奇妙的缘分，当时的他恰好在务农。

“阿贵，种地相当不赖哦，等你大学毕业，就到我这里来，咱俩一起干。”

他兴冲冲地发出了邀请，而我被他的个人魅力所感染，不由得脱口道“那就说好了，到时我一定去找你”，话一出口，想要务农的心情也变得认真起来。

他是在工作的时候被大卡车和拖拉机夹死的。去灵前守夜那晚，看着他的脸庞，我默默地做了一个决定。

“什么时候死都不要紧，我要把今天活个够本。”

那时，我和纱由美已经开始交往了。年轻的情侣按理都会许下这样的山盟海誓：

“我们要永远在一起。”

“那还用说，我们永远不分开。”

可我和纱由美却不太一样。

如果她对我说“要永远在一起”，那我肯定会这么回答：“我给不了那样的承诺，说不定明天我就死了，所以没法保证我们能永远在一起。”

不开玩笑，我真是这么想的。也许我确实是个想法另类的年轻人吧。纱由美一直陪着我这个怪人走到现在，我对她的感激之情难以言表。

大地轻声说：“老爸的任务就是……”

有时我会忍不住想，为什么我的身边会有这么多人离去，到最后连宝贝儿子也没能留住。虽然在此之前，我看到了那么多死亡，可我怎么也没料到，有一天生离死别会发生在骨肉至亲身上。

爱子离世后，我从中学到了许多人生必修的功课，我试图用这种想法让自己释怀。“到此为止，我不想再看到更多人的死亡。”我在心中祈祷着。然而没过多久，和纱由美从小一起长大并和我们从事同一行当的一位朋友亲手结束了自己的生命。

像我这样如同行尸走肉一般、什么时候死去都不会让人觉得意外的人尚且还在苟延残喘，身边生龙活虎的人却先我而去了。看着他的脸庞，我一遍遍地问自己：“为什么会这样，究竟是为什么？”

一时半会肯定找不到答案，但我无论如何都想知道原因。我抱着脑袋冥思苦想。

忽然某一天，一个答案跳了出来：“原来是这样！”

虽然之前我多少能意识到身边有人离去其实和自己的人生课题有关，但同时也明白事情远不止这么简单。我所经历的事情并非每个人都会遇到，正因如此，我有责任成为一个能够帮助他人的人。

生命中重要的人相继离世，这样的经历绝非每个人的必修课，如果真是这样，那人生未免太悲惨了。我从友人、儿子的离世中学到了很多，将我的体悟告诉更多的人就是我的使命，顿悟到这一点时，恍若听到上天的启示在心中回荡。

我仿佛感受到了大地传来的信息。

“老爸，你的任务就是……”好像大地就在我耳边说着悄悄话。

“人生的使命究竟是什么？”

“如何面对不同的生命？”

“怎么才能让生命循环不止？”

我殚精竭虑地思考着这些问题，而正是在寻找答案的过程中，我逐渐琢磨出了“感恩农法”。大地传来的信息是让我“……将自己的领悟传达给他人”，我一一参透这些问题的答案，进而完成了大地交给我的任务。事情开始朝着我们从未设想过的方向发展。

2015 年，我们的故事被改编成了音乐剧《大地》，之后又被拍成了一部名叫《大地花开》的电影纪录片。前者按时间顺序讲述了我们初涉农业界时所遭遇的现实与梦想之间的冲突，走投无路时大地又突然离家远行，以及以此为机缘与“感恩农法”的相遇。每当看着舞台上演员所呈现的故事，我都忍不住泪流满面。

电影纪录片则以介绍什么是“感恩农法”、它是如何诞生的、大地是如何给予我们支持的为主线，穿插着我和纱由美、农场员工以及和农场产生交集的众人的谈话，其中最为重要的就是向观众传递了大地想要告诉大家的信息。这部影片同样感人至深，我每次看都会感动落泪。

许多人前来看剧观影。它们成为一个契机，让大家开始认真思考生命究竟是什么。激励人心的反馈纷至沓来——“真的太感动了”“好想尝尝‘感恩农法’种出来的蔬菜啊”“我的生活方式因此而不同”。在所有这些事情的推动下，我开始撰写这本书。

正是因为大地托生在我们家，才会有之后的起承转合。在他离世后，我们将从中获得的经验和体悟改编成了故事，让越来越多的人听到、看到。对此，我满怀感激。当回首这段非同寻常的经历时，我真心觉得所有一切都是大地的安排。

大地搬去天堂后，一定是想把我和纱由美锻炼成帮他完成使命的助手。在此过程中，虽然状况接连不断，搞得我俩总是手足无措，满脑子全是问号和叹号:“到底是怎么搞的？”“为什么会这样！”可既然这些都是大地希望我们去做的事，我们也就不再多想，顺从他的心意，直接撸起袖管干就完了。到最后，连我和纱由美也顺带完成了自己的使命。

不过，大地分派给我们的任务有的相对宽松简单，有的却要求极为严苛。我觉得这是他在采用“胡萝卜加大棒”的策略，以引导我们前行。

就在我顿悟“这就是我的使命”的那一刹那，另一个严酷的考验哐当一下砸落在我面前。纱由美病了，病得很重。医生说是肾衰竭，而且已经到了无药可治的地步。

如何才能不枉此生

2008 年春天，纱由美的身上开始出现浮肿，脸和身体就像动画片里的泡泡先生一样变得圆滚滚的。

经医生诊断，她得了“肾病综合征”。得这种病的患者会通过尿液排出大量蛋白质，在体内郁积毒素，同时腹腔和细胞内也会充满水分，进而导致身体出现水肿。医生明确表示，纱由美的病情已进入晚期，剩下多少时日没法判断，总而言之是治不好了。她的肚子鼓胀得就像足月临盆的孕妇，腹水重达 30 公斤，已经到了心脏难以承受的地步。

医生说：“告知患者还剩多少时日，就相当于许下存活期限的承诺。比方说，我告诉你还剩两年，这就等于在向你保证至少还能活两年，最后活得比期限长久的大有人在。可是你太太的情况不一样，她已经病入膏肓，随时都会有生命危险。所以我没法做出保证。”

医生的一番话如同五雷轰顶，我们被砸蒙了，一句话也说不出来。连纱由美也要死吗？我号啕大哭。

惊痛之余，我在脑海里不停地问，不停地想。是不是我还有什么地方做得不够？我经历了比常人更多的亲友死别，儿子也走了，我下定决心要把在痛苦中淬炼的体悟告诉世人，希望能帮到他们，这样的我到底还有哪里没有做到位？为什么连纱由美都要离我而去？

就算被打垮，我还是想搞清楚这些变故究竟为何而来。不知从什么时候起，我心里逐渐形成了这样的想法：这是大地向我们传达的信息，我们一定要稳稳接住并且好好回应，这才是我应该做的事。

我不停地思考纱由美为什么会生病。

大地究竟要告诉我们什么？

我整天郁郁寡欢，反倒是纱由美一副超然物外的样子，这让我很意外。她没有去医院治疗，既然已经宣判这病治不好了，那就索性放弃西医治疗。她一边采用食物疗法，一边接受按摩理疗，不过对于这种疗法到底有没有效果，她似乎并不特别在意。

自从大地离世后，纱由美对死后的世界产生了极大的兴趣，并阅读了大量相关书籍。而后，她开始练习静坐冥想。

她静静地闭上双眼，观察自己的内心。她能感觉到大地的存在，好几次大地来到她的梦中。虽然肉身已不复存在，可我们的儿子一直陪伴在纱由美身旁。所以对她而言，死亡一点儿也不可怕，同时，她也坚信如果在人世间还有未尽之事，她就不会死。

有一次在冥想时，大地出现了。她问儿子："妈妈是不是快死了？"大地明明白白地回答说："妈妈不会死哦。"之后她对我说过这样一番话："大地离世已经 3 年了，我这条命原本就是儿子替我护住的，要是不拼尽全力好好活一把，那就是对不起他。大地通过自己的死让我明白了很多事，要是我现在就这么死了，那就是辜负了大地。"

看到她与疾病誓死抗争的决心，我大为震撼，女性在危难时刻所展现出的强悍与坚韧让我深深敬服，这就是只有孕育生命的母亲才具备的伟大力量吧。

在震惊之余，纱由美的所言所行也给了我很大的启发。

“对于死亡，我已经做好了心理准备，没有人知道自己在什么时候会离开这个世界，所以要抱着即便明天死去也没关系的觉悟活下去。

“然而，我却没有做好活下去的准备，活下去那就得好好度过每一天，我是不是还没有这样的觉悟呢？

“大地似乎一直在让我做些什么，而我心里只想着，什么时候死都无所谓。既然好不容易来这世上走一遭，我是不是该想一想如何好好活一把呢？”

就在这一刻，我意识到我内心同时拥有了生与死的觉悟。

看着纱由美被病痛折磨的样子，我总会忍不住感叹，她真是太了不起了。有时，我们也会聊到这个肾病综合征不知何时会要了她的命，她却说：“等病好了，我想到全国各地转一转，现在好多人都得了不治之症，我要去好好开导开导他们，不过这么一来我可能有好几天都不在家，老公，你不会有意见吧？”

说这话的时候她一副理所当然的样子。我这边愁得不知如何才好，可人家已经不把“痊愈”当作目标，而是开始考虑病好之后的事了。听她这么一说，全家都受到感染，每个人都认定这病肯定能好，我记得当时家里的气氛也一下子变得轻松明朗起来。

那时候我突然意识到，梦想也好目标也罢，都不过是途经的站点，并不是人生旅程最后的终点。当梦想实现、目标达成之后，就要继续向下一站进发，把下一站当成整段旅程中的停靠点。纱由美就是这样，正因她没有把病愈当成终极目标，而是将其看作途中的停靠站，所以时至今日，依然健健康康地活在世上。

通过纱由美生病这件事，我终于有了真正意义上的觉醒。重要的并不是随时都能从容赴死的觉悟，而是在抱着这种觉悟的同时，不遗余力地好好活着，为他人提供帮助。

在确诊大约 7 个月后的一个满月之夜，也就是大地忌日的第二天，纱由美一整个晚上都在排尿，一连三天都是这样。一到夜里，纱由美便不停地往洗手间跑，随着体内郁积的水分不断排出，身上的水肿也开始消退，体重足足轻了 10 公斤。下个满月之夜起，又连着三个晚上持续排尿，体重又轻了 10 公斤。纱由美的肾脏功能似乎恢复如常了。

她没有吃过一回药，诊断后也没有再踏入医院，除了静坐冥想和自我疗愈外，没有采取任何治疗手段。纱由美告诉我，在大地忌日的前一天，她尝试冥想却始终没有办法集中注意力，最后撑不住一边喊着“大地，妈妈做不到啊！”一边哭出了声，可奇怪的是，眼泪怎么也流不出来。到了第二天，纱由美的眼皮肿得像《四谷怪谈》里的女鬼阿岩似的，她就顶着这副尊容和前来祭拜的亲朋好友一起又哭又笑地过了一天。

“我曾一直认为人必须不断努力，但我支撑不住了，没法再坚持下去。因此，我决定放过自己，顺其自然。”这也许就是纱由美当时的心境。当她决定放下后，就开始排尿了。这到底是怎么发生的呢？以前曾听说过人体具有自愈功能，没想到我竟能目睹这股神奇的力量在纱由美身上发挥奇效的过程。

我开始意识到，长久以来我可能都太过用力了。纱由美不治而愈的经历让我明白了一件事：有时候并不是拼命了、努力了就一定能解决问题，做力所能及的事，然后把自己托付给更宏大的天地万物，这样就足够了。

在身体开始排出多余水分的五个月后，我们去了一趟医院，想确认一下纱由美的身体状况。医生给出的结论居然是之前“误诊”了，既然医生都说是误诊，那就意味着纱由美已经无恙，她战胜了病痛。奇迹真的发生了！

玩具手机响铃的那一夜

大地离世后，许多事都在悄然发生变化，虽说事情有好有坏，但在我看来，这一切都是为了朝着越变越好的方向发展而为我们开设的课程。每当大地给予我们指导时，我们都能亲身感受到。

请允许我再多说一些与大地有关的事吧。

之前我曾提到过大地是个与众不同的孩子。其实在大地离世后，奇奇怪怪的事情还在继续发生着。

接下来发生的事情也许有人会称之为灵异事件，也有人以为是我们难以承受丧子之痛，出现了幻觉。可在我们看来，那些事情是真实发生的，其他人也看到、听到了，而且有些事是我和纱由美两人的共同经历，要说绝对没有客观性那也不尽然。

如何看待接下来的事情，悉听读者尊便。我们坚信，这是大地借由常人难以理解的现象，引领着我们与“感恩农法”相遇。

大地离世后，不断有人声称自己看到他了，尤其是他托儿所的朋友们，好像能经常看到大地。

有一次，一位妈妈送孩子去托儿所，车子经过我家门口时，那孩子忽然叫道：“快停一下！”

“妈妈快看，大地就在他爸爸边上呢。”孩子这样跟妈妈说。

这样的事还有很多。而且，孩子们说得活灵活现，怎么看也不像是看花眼了或是故意撒谎。

还有孩子这么说：“为什么大地的头发变得这么长呀？”大地在世时一直是个小光头，可那个孩子却说大地的头发长长了。

纱由美听到这话后目瞪口呆，她经常梦见大地，而梦里的大地不再脑袋光光，而是留起了童花头。这样的事情听说了太多次，我们不禁转悲为喜，原来大地一直都在这里啊。

在梦里，大地和纱由美聊了很多。

“大地啊，你现在在做什么呢？”纱由美问大地。

大地这样回答：“别担心哦，我有好多好多事要忙呢。”

我们想象着大地到底在忙什么，心情也跟着轻盈、敞亮起来。

有时候，长大后的大地也会出现在我们梦里。神奇的是在音乐剧《大地》中，去世后的大地就是以成年的模样登场的，我们从来没有跟剧作家牧里香提起过梦中的情景，可她为什么会特意安排这一幕呢?

我不禁想，也许这也是大地的主意吧……

之后发生的一件事带给我们的冲击实在是太过猛烈，大多数人听后可能都不会相信。可是当时我正好和纱由美在一起，我们亲眼所见，亲耳所闻，所以肯定不是凭空臆想出来的幻象。

那应该是在 2013 年，农场刚完成自然耕种的转型，那一年没有任何收成，经营陷入了史无前例的危机。没时间也顾不上考虑要不要再继续尝试自然耕种法了，农场已处于生死存亡的边缘。我和纱由美备受打击，心情低落到了极点。“看来还是不行啊，算了，收手吧。”我们萌生退意。

“要是大地在，他会怎么想呢?”

我也不知道为什么会突然冒出这么一句话。大地离世后，我们决定再次尝试经营农场。在大地灵魂的照拂下，我们不断试错，一路兜兜转转，最后终于踏入了自然耕种的大门。虽然直觉告诉我这么做没错，但面对惨淡的现实，我不免还是会自我怀疑，难道是我误解了大地传来的信息?没有收成就意味着没有收入，自信心也随之受到打击，眼看着就要跌落在地上摔得粉碎。

就在那一刻——

哔——哔——哔，耳旁传来了电子器件发出的声响，我有点纳闷，这是什么声音?现如今，很多家用电器都会发出类似的动静，只是当时我身边的物件都不会发出那样的响动。到底是什么声音呢？我侧耳倾听，发现声响是从佛坛那边传来的。

大家猜到了吗？我当时真的吓了一跳。

是大地最宝贝的玩具手机。

大地生前最喜欢看连续剧《超级战队》，家族战队变身合体时需要的那部魔法手机，总会被大地揣在兜里，片刻都不离身。他离开后，我总觉得说不定哪天他会用这部电话打给我，所以一直贴身携带。但后来想想，也知道这事不可能发生，于是就把玩具手机放在了佛坛上。

"真的是这部手机在响！"我对纱由美说，激动得声音都在发颤。

"怎么可能！"纱由美的声音也抖个不停，这是一部玩具手机，按理说是接不通电话的。

然而，手机就在我们眼前响了起来。

哔——哔——哔……

我们按捺不住心中的狂喜，可同时又觉得不可思议，那种激荡而又复杂的心情，是无法用语言表述的。

"喂，喂！"我对着手机喊，"是大地吗？"

自然，电话那头并没有传来大地的声音。深更半夜，两个成年人就这样在佛坛前抓着一部玩具手机拼命地喊着，想想这幅画面自己都觉得好笑。我抬头看了一眼纱由美，两个人忍不住笑出了声，笑着笑着，眼泪开始止不住地往下掉，我们紧紧抱在一起，痛痛快快地哭了一场。我们太明白大地要对我们说什么了，心头止不住一阵阵发痛。

“没事的，老爸老妈，一定要坚持下去哦！”这就是大地要对我们说的话。

那次手机铃声响过后，向我们伸出援手的贵人接连出现，自然耕种的蔬菜也开始慢慢有了收成。终于，我们能通过自己种植的蔬菜，让他人品尝到幸福的味道了。

可是那夜响起的手机铃声究竟有什么深意呢？如果当时没有手机铃响，我们应该已经放弃自然耕种法，而世上也不会有“感恩农法”了。不管是梦境还是幻觉，玩具手机的铃声成了我们人生中的重大转折点。

在从谷底慢慢往上攀爬的过程中，大地一直陪伴左右的感觉是我们最大的动力。当我们陷入困境、茫然无措的时候，大地会给予我们帮助和支持，他自始至终都在守护、引导着我们。那次手机铃响后，身边再也没有发生过奇奇怪怪的异动，但我们知道，大地就在我们身边，他一直都在。

在下一章中，我会和大家聊一聊“感恩农法”的故事，我认为这也是大地的安排，他在另一个我们看不到的世界里为我们牵线搭桥，指引着我们一步步走近“感恩农法”直至与它相遇。

即便是到了今天，我在生活和工作中仍然会遇到难题和糟心事。然而，正如我在本书开篇所说，我已经可以笑着去面对一切了。无论遭遇什么，我都能报以感恩之心。大地，老爸老妈会好好努力的，今后也请多多关照哦。

谢谢你，我的大地。

第二章

36 万遍感恩带来的奇迹

每天都在思考生命到底为何物

2005 年 11 月，在大地离世后的一个月里，我整个人就像被掏空了一样。天冷吗？雪下了多久？自己做了什么？我完全没有任何印象。严重的时候，我甚至不知道自己是站着还是坐着，无知无觉地吃饭、喝水，眼睛也睁不开，如同行尸走肉般苟活着。

然而，人这种生物是没法一直像一个空壳子般存活下去的。就像纱由美重病时依靠身体的自愈能力获救一样，即便像我这种荏弱无能的家伙，体内的自愈能力也不甘心就这么坐以待毙。渐渐地，我的身体开始一点一点地恢复了生气和活力。

也不知道从哪一刻起，我整个人醒转过来。

接着，我开始思考："我究竟是如何看待生命的？"

在洞爷的十年间，我一边历尽艰辛，一边强撑着继续务农。在各种压力的堆积下，我的精神状态变得越来越差，原本就已经不堪重负的我，又突遭大地离世，整个人更是坠至深渊。也许正因如此，我才会苦苦思索"活着""死去"和"生命"的真意，如此一来，想要搞清楚"生命究竟是什么"，也就成了顺理成章之事。

我继而想搞明白这样一个问题："用杀虫剂杀死小虫子，用杀菌剂除掉微生物，还要用除草剂致使野草变黄变枯，每天有这么多小生命消逝，我却丝毫没有放在心上。然而，4 岁儿子的离开却让我痛不欲生，为什么会这样？”

没有人会把自己的孩子和小虫子、微生物、野草相提并论，但如果深入思考一下，其实人和虫子同样都是生命，就算是小虫子也有自己的爸爸妈妈。在我看来杀虫灭菌是理所应当的，我从来没有想过它们也有父母，甚至都不曾想过它们也是生命。在使用器械喷洒农药消灭虫害的过程中，我丝毫没有犹豫过。

一想到这里，我发现自己是多么自以为是啊，同时也觉察到我在想法和感受上的自我矛盾。

那个冬天，我一直在思考生命究竟为何物。

到了春天就要开始忙田里的农活了。农场的前主人岳父岳母下达指令：“虫子眼看着就要多起来，先把农药洒上吧。”我到农药管理室拿了瓶杀虫剂。就在这时，脑袋里突然冒出一个问号：“一瓶杀虫剂会断送多少小生命啊？”

刹那间，我的手开始颤抖，连瓶子都快握不住了。“这事我做不了，再也不能这么滥杀无辜了。”

我把杀虫剂放回架子上，走出管理室，然后在喷洒农药用的喷瓶中灌满水，回到田里开始来回喷洒。

因为不再使用杀虫剂、除草剂和杀菌剂，农田里变得乱糟糟的。虫子成群结队地飞来飞去，野草疯长，农作物纷纷染病，变得病恹恹的。

也是在那时，我才发现农药原来当真厉害得“要命”，那么小小一瓶就可以把小虫子、野草、微生物清除得干干净净，真是一种可以决定生死的东西！用过农药和不使用农药的农田简直有着天壤之别。其他农户要是看到我家农田当时的情形，怕是要立马昏过去吧，可是不知道为什么，我却觉得特别畅快。

虫子、野草和病原菌在我家农田热热闹闹地扎下根，没有了人类的干预，大地竟能焕发出如此强大的生命力！小生命蓬勃生长的农田让我深深沉醉。

我欣喜地眺望着农田，寻思着：“我没有夺走生命的权利。”

读者朋友们是不是觉得我的想法有点奇怪、不合情理？

其实并没有什么可奇怪的，而且完全合乎情理。

在其他农户眼里，我家的农田疏于管理，看起来杂乱无章，可是经过我的仔细观察，慢慢地有了许多发现，而“生命究竟为何物”的答案也蕴藏其中。

这些发现让我欣喜无比。

正是在别人眼中不合情理的举动，带领我找到了“感恩农法”，故而在这个世界上，其实并不存在何为正常、何为异常的绝对标准。

感恩带来奇迹

至于我是如何与“感恩”产生交集的，说来也是机缘巧合。

在为大地守夜那晚，亲手把他接到这个世界的产婆也来了。那是一位颇有灵力的女士，在她面朝大地双手合十的时候，似乎感应到了什么。她对我们说："大地走得很安详，没有受苦。"这句话对我们而言是一种莫大的安慰。

产婆看到我失魂落魄的样子十分担心，回去后给我寄来了10本小林正观的著作。他是一位深受读者喜爱与敬慕的作家，被人们称为"正观先生"，许多听了他的话、看了他的书的人在付诸实践后工作变得越来越顺利，健康状况也得到了改善，所以他的作品一直很受欢迎。

那些日子里，我精神委顿，实在没有精力好好看书，可是产婆寄书的目的就是盼着我能振作起来，哪怕只是一点点。这番好意让我备感温暖，实在不忍心辜负，所以只要稍微有点精神头，我就会尽力翻上几页。有一次读到某处，几行文字一下子击中了我的心。就是那寥寥数行给我的人生带来了翻天覆地的变化。

在某个段落中，正观先生描述了"感恩的奇迹"。

将"感恩"重复5000次，愿望就能实现，如果将次数增加到5万次，那么奇迹就会降临。此外，书中还写道，如果重复的次数达到年龄的1万倍，家人身上就会发生奇迹。当"家人身上就会发生奇迹"这几个字映入眼帘时，我的心被触动了。

"如果身边不会再有人离去，这就是奇迹，如果只是不断地重复'感恩'就能让奇迹发生，那我一定照做不误。"

不管其中有何道理、是否说得通，我都不在乎，我决定就按书里说的做。

整个冬天，我一直沉浸在悲伤中，反复思考“生命究竟为何物”，等到春天来临，我便开始学着说“感恩”了。

那时我正好36岁，36的1万倍就是36万，我暗下决心，要说上36万遍感恩，让奇迹发生在家人身上。

我去文具店买了一个计数器，每说一次“谢谢”就“咔哒”按一下，就这样，我开始朝着遥远的目标——36万遍一步步进发。

不过，书中还提到了一项严格的规定，如果在两次“谢谢”之间发了牢骚、抱怨了几句，或是口出恶言，老天就会发出“叮”的一声警示，先前数过的次数就会全部归零，从头再来。不过神明都以慈悲为怀，无论你是在心里暗暗抱怨，还是将一肚子牢骚全都倒出来，只要在三秒钟内说一句“刚才说的不算”，就能接着往下数。

我坐在拖拉机里，一手握着计数器，一边不停地说“谢谢”。

因为这是关乎家人的奇迹，所以我丝毫不敢马虎，完全按要求严格执行。不要说牢骚抱怨了，哪怕无意中动了“肚子好饿啊”这样的念头，我也当是犯规，乖乖地重新开始数。就算已经数到了1万次、2万次，也会果断从头再来。

到底会发生怎样的奇迹呢？

因为说是发生在家人身上的奇迹，所以我在回家的路上满心期待，是不是妻子会变得特别温柔，还是孩子们变得特别听话？

回家一看，我大失所望，妻子和孩子还是老样子，昨天是什么样，今天依旧什么样。什么变化都没发生，连奇迹的影子都没瞧见。

然而，奇迹确确实实已经发生了。

那是因为在我的意识中，对家人的看法发生了变化。

“今天，大家都健健康康地活着，真是太感谢了！”

那股感激之情几乎是从心底喷涌而出。原来不断地重复“谢谢”二字，改变的不是家人，而是我自己。

我有长达五年时间一直处于抑郁状态，所以很少说出像“谢谢”这样的话。有时女儿为我做了什么，我也不会表示感谢，有时一整天里连一声谢谢都没有说过。买了计数器回家，发现即便只是重复“谢谢”二字，要达到 1000 次都是件非常困难的事。但再怎么难还是开始了，等好不容易达成目标后，我惊讶地发现，我已和从前大不相同。

最棒的家人带给我的感悟

事实上，在我还没有注意到的时候，“感恩”就已经在许多事情上产生作用了。

我脑海里第一个蹦出来的就是拖拉机。我一直是一边开着拖拉机，一边说“谢谢”的，所以听到感谢的拖拉机也一定很开心吧。当时，我怎么也不会想到，就连农耕器械也能听懂“谢谢”。

听到我说“谢谢”后，拖拉机一反“常态”，变得格外给力。在这之前，它总是动不动就发生故障，比如刚好开到田中央时爆胎，瘫在一片泥泞中死活不肯挪动一下，一会儿机油耗光了，一会儿发动机又烧坏了，花在拖拉机身上的修理费简直高到离谱。

自打开始说“谢谢”后，拖拉机身上的毛病竟然悉数消失了。以前只要碰到埋在土里的大石头，拖拉机就会把它卷到履带里，导致链条崩裂。可在我表达感恩之情后，就算石头还是会被卷进机器，但也只是发出“嘎啦嘎啦”的声响，紧接着，石头会“咚”的一下弹出来，链条也不再发生崩裂。

拖拉机就这么莫名其妙地脱胎换骨，变得又结实又耐用。莫不是农耕器械也有“心”？它们是不是也能听懂“谢谢”？虽然听着像是胡言乱语，但是这样的事情确确实实地在现实生活中发生了。请务必试着对电脑、汽车表达感谢，它们为我们尽心工作，把我们送往天南地北，每时每刻都在为我们运转着。如果换作是人，我们肯定会致以谢意，可因为是机器，就算说了也不懂，所以几乎没有人会对它们表示感谢。事实上，当听到有人说“谢谢”时，即便是机器也会觉得高兴，运作性能也会随之提升。眼见为实，请大家一定要尝试一下。

通过连续不断地说“谢谢”，原本瘫在谷底的我也开始渐渐恢复生气。在这之前，我一直意志消沉，稍微活动一下，就一边喊累一边倒头躺下。这种情况终于成为过去式了。我能感觉到体内涌动着一股喷薄欲出的活力，甚至有一次，全家上下都得了感冒，唯独我一人没有被传染。

我开始意识到身边原来有不少惊喜，简直多到都能堆成山了。这么一来，说“谢谢”就成了一件让人特别愉快的事。不管看到什么、发生了什么，一声“谢谢”便会脱口而出。

对塑料瓶说谢谢，对手表说谢谢，每说一次感谢，心情就会越发舒畅。

对纱由美和孩子们，我心中的感激之情也是道不尽、说不完。

早上，看到家人一个个起床，这一幕就能拿到满分 100 分，我会不自觉地感叹：“哇，奇迹发生了。”听到他们对我说“早上好”，马上涨到 120 分；他们朝我露出灿烂的笑脸，太棒了，150 分。当他们精神百倍地对我说“那我先走了哦”，200 分。就算他们抱怨说“今天好倒霉”，又有什么关系呢？照样能再涨个 20 来分。分数噌噌往上涨，幸福感也随之不断上升。

学校不是会召开老师、家长、学生一同参加的恳谈会吗，班主任总是尽责地指出孩子身上存在的问题：“要是这里再进步一点，那肯定会更好。”我则用一句不变应万变的话回应老师：

“我家的孩子只要健健康康地活着对我来说就已经能拿到 100 分了。”老师听了也只好无奈地笑笑。

一次次地重复“谢谢”二字，心里就会真的充满感激之情。从前对家人怀有的不满、抱怨，也统统消失不见。不仅如此，我甚至开始觉得我拥有全天下最棒的家人。

我心里如此想，并将感谢之情宣之于口，这么一来，全家人也逐渐产生了和我一样的想法。所以每一个家庭成员都认为自己的家人是全世界最好、最棒的。没错，这就是在家人身上发生的奇迹。

“感恩”带来的奇迹并不是妻子变温柔、孩子更听话、丈夫的薪水成倍涨，而是在照常如旧的生活中，自己的思考方式、看待事物的角度发生变化，并且开始觉察到之前未曾留意的小幸福。

个人心态一旦发生转变，周遭情况也会随之变化，妻子变得更加温柔贤惠，孩子变得更加乖巧懂事，工作也变得更加得心应手，好事会像排着队似的不断发生。追本溯源，这个源头其实就在于自己的心态和看待事物的方式。

“为什么不会腐烂呢？”——不可思议的生菜

在不断说着“谢谢”的日子里，不仅是家里人，周围的所有生命都变得可亲可爱起来。农田里的生菜、卷心菜、胡萝卜、土豆等农作物自不必说，就连看到路旁的野草，我都会心生感慨：“哎呀，你这家伙也在为了活下去、为了让自己宝贵的生命发挥作用而拼命努力啊，谢谢啦！”看到虫子，或是想到泥土中肉眼不可见的无数微生物，我都常常忍不住想向它们说一声“谢谢”。

怀着这样的心情，就没法再使用农药了，我只在田里用少量的肥料。虽然这样做导致产量不如以前，经营也更加困难。但我无法回到过去那种耕种方式——将生命贴上“害虫”“野草”的标签，然后痛下杀手，这样的事我已经干不出来了。

大地离世后，岳父母也尝试着想要搞清楚我为什么会这么做，不过说实话，他们一定会觉得难以理解吧。就连纱由美也时不时问我：“阿贵，你到底想干吗？”

“我自己也没想明白到底要干吗，但我至少清楚一点，我不想杀死眼前的小生命，和大地一样，它们的命也是命。”

面对妻子的提问，我每次都是这么回答的。

“这我知道，但田里的庄稼该怎么办？”

对于这个问题，每次我都无言以对。我尝试了各种方法，最后都以失败告终。不过在一次次失败中累积的经验和教训成了之后“感恩农法”的根基。我将它们称为“五大原则”，在下一章中我将详细阐述。

况且，尽管一再失败，但我还是能从中感受到杜绝农药所带来的正面效应。虽说田里很多庄稼都遭了虫咬，染上了病害，但是能坚挺到收获季节的蔬菜就如自带光芒一般令人惊艳，最关键的是吃到嘴里的味道当真不同凡响。

就连农业协会也给出了这样的评价：“农场的蔬菜确实不太一样。”

农业协会通过生产编号对各家农户实行管理。我家是4416号。有一次，农协管理人员对我们质疑：“超市那边反映说4416号的蔬菜无论放多久都不会坏，你们农场是不是使用了药效超标的农药？请提交一下蔬菜种植的施肥记录表。”

真让人为难啊，我家压根就没有喷过农药，所以除了一张白纸外，什么也交不上。管理人员一看大吃一惊：“什么？连一点农药都没洒过吗？”

遇上大雨连续不断的日子，各家农田里的生菜都被雨水泡烂了，根本出不了货，只有我家的生菜好好的，按时交了货；天干地燥的时节里，也只有我家的蔬菜受到眷顾，没有碰到出不了货的问题。为什么别家没法采收的时候，唯独我家可以？长期从事蔬菜种植的农户都十分费解。

“请提交一下施肥记录表。”

就算面对第二次要求，我们能交的依然只有一张白纸。

为了不给农协添麻烦，几经考虑后我们最终决定退出农协。因为只要是会员，就必须在一定时间内按要求使用定量的农药和肥料。

我总不能跟他们说：我家的生菜之所以不洒农药也不会烂，

是因为我每天都对着它们还有虫子、微生物说“谢谢”。别人一定会觉得我脑子有问题（笑）。

“感恩蔬菜”终获认可

然而，一个现实问题却摆在眼前：如果蔬菜不通过农协出货，那就等同于切断了销售渠道。这就是现代农业的经营模式。在哪里可以销售我家的蔬菜，这个问题关乎农场的生死存亡。

不过，一味抱着脑袋唉声叹气总归解决不了问题。就算面对这样的窘况，我依然报以感恩之心。我试着换个角度看待问题：一时的逆境是走向下一段坦途的预告。我要做的就是把力所能及的事做好。

站在蔬菜的立场去揣摩它们的心情，我想它们不会因为不知道自己将被送往何处而感到迷茫，它们一定是盼着自己能被送去一个大受欢迎的地方。

我决定亲自去找乐意购买我家蔬菜的商家。于是，跑业务的日子开始了。

我在札幌挨家拜访只专注于好食材的蔬菜店和餐厅，与他们的老板、主厨会面交谈，言辞恳切地讲述自己的理念。

“我想种出具有顽强生命力的蔬菜。”

“食物本身就是生命，我想把优质的生命派送给大家。”

然而，我费尽唇舌也没有人能理解。至于对着蔬菜说谢谢的事我只字未提，虽说我家蔬菜不洒农药，但肥料还是用的，所以没法产生弹眼落睛的效果。不过就算我对他们提及“感恩蔬菜”，大概也只会给他们留下一个“这家伙脑子是不是有问题”的印象。

一连跑了好几家商铺，没有一家对我们的蔬菜感兴趣。就在傍晚所有店铺都快关门的时候，我走进了一家装潢高档漂亮的蔬菜店，当时已经不抱什么希望了，想着这家要是再拒绝，我就直接回去了。

老板正巧在店里。我打起十二分精神仔细阐述了蔬菜的生命力和食物本身就是生命的观点。老板听后对我说：“你的想法很有意思，真想尝尝你家农场种的卷心菜啊。”

这就是人们一直说的绝处逢生吧，我高兴得几乎要跳起来。回到洞爷后，我马上安排出货，把卷心菜、白菜和牛蒡送了过去。

“不知道他们尝过后觉得怎么样？”

我就像等待发布考试成绩的孩子那样忐忑不安。虽觉考得很好，但出成绩前终归放不下心来。好在没过多久就收到了令人振奋的回复。

“我开蔬菜店也有几十年了，但这么好吃的蔬菜还是头一回尝到。不管怎么说，好吃最重要。我们这一行要说对什么事特别讲究，那就是‘好吃’二字。好不好吃永远排在第一位。”

我简直喜出望外，一连说了好多“谢谢”。之前辗转跑了那么多家店都未果，最后准备打道回府的时候却遇到了可以说是有知遇之恩的蔬菜店，这真是奇迹啊！这段经历也让我明白跳过农协自己找销售商家有多困难，可从中我也深切地感受到，就算再怎么困难，只要不放弃，老天就不会断人生路。

那位老板对我家的蔬菜赞不绝口，承蒙关照，还把我们的农场介绍给了与他家有合作关系的餐厅，订单一张接着一张朝我们飞来。

有山峰就有低谷，有潮起便有潮落，这就是大自然的法则。

不过在那时候，我还没有对谁提起过“感恩”一事。

最先谈及此事的对象是奥芝商社的洋介社长，汤咖喱就是他家的招牌料理。洋介社长曾经商失败，并打算就此退出商场。最后他抱着背水一战的决心创立了汤咖喱品牌餐饮店。第一家门店开张后反响不俗，他开始意识到，如果要扩大战果，就必须把控好食材质量，于是他开着小货车访遍北海道的各家农户。

因为我们有共同的朋友，所以农场也被洋介社长列入了拜访名单。白天，我们一起下地干活，到了晚上则一起谈天说地，相互交流对于食物、生命以及农业的种种感悟和设想。我们越聊越投机，越聊越激动，聊到后来眼泪哗哗直流。要是别人看到这样的场景，一定会觉得又怪异又好笑吧。

他问我：“你种菜一定有什么秘诀，快跟我说说，这里种的蔬菜到底为什么会这么好吃呢？”

我佯装不解，回答说：“哪有什么秘诀啊，没有的事。”他听后好像有点不太高兴。我反过来问他：“怎么样，打算买我家的卷心菜吗？”

他回答说：“我不知道贵仁兄现在做的事情前景是好是坏，也不知道跟别家有什么不同，我要买的不是你的卷心菜，而是贵仁兄你的理想。”

我像是被电击一样呆立当场，一句话也说不出来。眼前这个人值得结交，我打心眼里欣赏他。我无比确信，这样的人必定会成功。

之后，奥芝商社顾客盈门，一举成为网红餐厅。之所以能大获成功，是因为他们跑遍北海道，与供货农家建立了牢固的信赖关系，餐厅只选用优质食材，并将农家的生产理念张贴在店里，以此抓住顾客的心。当然了，自不必说，汤咖喱的味道本来就堪称一绝。

第二次碰到洋介社长时，他又问了我同样的问题：“你肯定有秘诀，爽快点，告诉我吧。”

我有种感觉，他应该会明白我说的话，于是，我心一横便把秘密告诉了他。

“其实，秘诀就在于对蔬菜说‘感恩’。”

他一听这话便激动地大叫起来：“我说呢，原来是这个道理啊！”回到札幌后，他逢人便提，很快周围的人都知道了我家蔬菜好吃的秘密。

自从那以后，农场的蔬菜便一下子出了名。

“我想要感恩牛蒡。”

“请给我送些感恩卷心菜。”

订单如雪片般飞来。其实像“感恩牛蒡”“感恩卷心菜”这样的名字，都不是我给取的，而是大家随口一叫，就这么一传十、十传百地传开了，承蒙厚爱，我当真是感激不尽。

在北海道遭遇强震那一年，我遇到了开展救助灾民活动的赈灾协会会长，在交谈中我提及自己正在种植感恩蔬菜，他听后接口道：“这么说来，贵仁你做的就是‘感恩农法’了。”“感恩农法”就此冠名。

“感恩农法”的理念便是感谢并珍视所有的生命，它既是一种农业种植方式，同时也是一种生命哲学，它将所有的生命体当作同等的生命来对待，感谢它们的存在，并协助它们在这个星球的土地上和谐共生。

36 万遍感恩中的领悟

为什么在重复许多次“谢谢”之后，便会发生奇迹呢？对此，我也有些不明就里。但我有种感觉，当一遍又一遍地说着“谢谢”，沉睡心底的感激之情像是听到了语言的召唤似的慢慢苏醒，随后翻涌而出。

起初，我抱着救助及守护家人的目的，像抓住救命稻草一般，不断地说着“谢谢”。为了保证达成 36 万遍的目标，我特地买了计数器。开拖拉机的时候，我一手握着方向盘，每说一次“谢谢”，就按一下另一只手里的计数器。不过说着说着便沉浸其中，浑然忘了要计数这回事。

虽说我给自己制定了 36 万遍的目标，不过就算没有完成，数到了一定阶段多少也会发生变化吧。

一开始，我如同和尚念经一般说着“谢谢”，不知道重复了多少遍后，不知不觉地，我开始寻找我想要感谢的对象。比如，感谢有人为你煮饭烧菜、端茶倒水、蓄水泡澡，仅仅感谢日常生活中照顾你的人，一天下来也得谢上 100 遍吧。为了能在一天中谢上 1000 遍、1 万遍，我开始将目光落在更多的人和事上，正因如此，我才开始对着塑料瓶、圆珠笔以及身边的一切事物表达感恩之情。

一走进田里，我就会自发地对着生菜、卷心菜、胡萝卜说“谢谢”。这还不够，小虫子、微生物也同样是我感谢的目标。

任何事物都值得感谢。我曾一度打心眼里瞧不起自己，一个劲地骂自己“混蛋”“傻瓜”，如今，那种低迷颓丧的心情已经一扫而空，我的内心变得无比喜悦、丰盈。现在，如果不对着身边的一切悉数谢上一遍，我心里就会觉得不痛快。看来，我已经感谢成瘾了。

要是田里的生菜烂了，我会盯着它一直看，看着看着感激之情就会油然而生。对着生菜是这样，换成霉菌、病原菌依然如此。

就是当时那种情景让我悟到了一个非常重要的道理。

“生命有不同的存在形式，既有看得见的生命，也有看不见的生命。”

正是因为有了这样的领悟，我才能以怜惜的目光看待腐烂的生菜。

我想说的是生菜、卷心菜和小虫子都是看得见的生命，而病原菌、霉菌则是肉眼看不见的生命。我开始慢慢理解，生菜之所以会得病、腐烂，也许就是为了让我们明白像病原菌、霉菌这样原本用肉眼无法观察到的生命，也真真切切地活在这个世界上。

“看见了看不到的生命。”

一想到这里，我就不由得心生欢喜。对于肉眼无法看到的病原菌和霉菌，透过生菜腐坏这一过程变得可以看见，而这自然也成为值得我感激的事。

如果没有将“谢谢”说上 36 万遍，这样的领悟是不可能在脑海中的某个角落突然闪现的。我们身边值得让我们感恩的事多得数也数不清，只是平日里我们没有意识到罢了。所以说，嘴里一直骂骂咧咧、牢骚抱怨不断，其实就是亲手破坏了自己的好心情。

大地离世后，我们便再也看不到他的身影了，然而这并非代表着大地从此消失，只不过是从看得到的生命转换为看不见的生命而已。看不见这件事本身就是大地依然存在的证明。

从肉眼可见的生菜腐坏这一现象中，我们得知像病原菌这样看不见的生命是真实存在的。在日常所见的农作物茁壮成长的过程中，我们感受到了藏身于土壤中、看不见的微生物所具有的生命力。同样地，虽然我们再也看不到大地，但身边必定有许多我们能看见的并且能让我们感受到大地存在的生命体。所以我决定好好探寻一番。

大地通过其看不见的生命形式给我们送来了一份珍贵的礼物——“感恩农法”，它让我们看到了世上万物皆有生命。珍惜这份礼物，就是珍视大地的存在意义。

就在我们被困苦所绊，眼看着就要狠狠摔倒的时候，大地的灵魂化为赠礼，被送至我们眼前。我铭感五内，郑重收下这份厚礼，一步一个脚印，将其发展成今天的“感恩农法”。

在下一章中，我将向各位介绍大地、大自然和农作物教会我的五大原则。它不仅适用于农业种植，作为一种生命哲学以及感受事物的方法，同样能让我们受益良多。

第三章

大地教会我的五大原则

变困难为幸福的仙女棒

从 2013 年起，农场全面推行了自然耕种法。那年的经营状况惨淡至极，农场陷入了前所未有的危机。

回想从前，我从 1997 年来洞爷，1999 年前后出现抑郁症状，到了 2000 年，人际关系处得一团糟，农场的经营状况更是一路下滑。

然而在 2005 年，大地离我们而去，我也以此为契机，开始每天不停地说谢谢，落在旁人眼里也许是痛失骨肉的父亲已经神志不清了，可因为心底始终有“感恩”这块基石在，所以整个人觉得无比踏实，浑身上下也充满了使不完的干劲。

虽然经营状况不断恶化，可是希望总在某处等着与你相遇。就在我们觉得已濒临极限，再也撑不下去的时候，不可思议的事情发生了——佛坛上的玩具手机响了起来，我和纱由美大受震撼，都觉得这是大地在隔空安慰、鼓励我们，对我们说“没关系，要继续加油哦”，这么一想，我们不由得勇气倍增，决定再次尝试自然耕种法，这之后贵人与机会接踵而至，经营状况也慢慢好转。

自打开始实践“感恩农法”后，我们也经历了一次又一次的失败，就算说了再多次“谢谢”，也不免会有事不遂愿的时候。不过，和之前的失败经历不同，那时总是嘟囔一句“不行了”就立马放弃，现在却从失败手里换来了各种各样的宝物，其中有一样就是变困难为幸福的仙女棒，而这根仙女棒就是接下来要详细讲述的五大原则。

五大原则并不是我创造发明的，每一条都是在大自然、农田还有我儿子大地的引导下慢慢领悟的。我所做的不过是用简单易懂的语言将其传达给各位。我衷心希望大家都能将这五大原则视为一种生活方式，在自己的生活中加以运用，并因此获得幸福。基于这样的想法，我有幸在全国举办了名为“大地学校”的讲演活动，以向大家介绍这五大原则。

接下来我将按照我领悟的先后顺序逐一介绍五大原则。请读者从头开始读到最后，至于从哪条原则开始实践，悉听各位尊便。每个人都有自己的长板和短板，所以无论从哪条原则开始实践，都无关紧要。

五大原则之一——认同生命力

第一条原则是认同生命力。

“生命究竟所为何物？”

“人为什么会活在世上？”

自从大地离世后，我开始仔细思考这两个问题。

为了探析生命的意义，让我们先来做个小实验。

请举起右手，这一步很简单，大家都能做到。然后请举起左手，这一步也没问题。

接着，请让心脏停止跳动。

有人能做到吗？想必没有吧。

现在，请把刚吃到嘴巴里的食物马上消化掉。这个恐怕也不行。

虽然我们都认为人是靠自己的意志活在世上的，但总有一些事靠意志是没法做到的。心脏会不停地跳动，入口的食物要通过肠胃才能消化，我们体内的血液也在持续不断地流动着。

那人的思维呢？很多人也许会认为至少可以控制自己的想法和思考过程。

那就让我们再来做个实验。

请闭眼一分钟，这段时间内停止思考，什么也不要想。

能做到吗？好像也很难，大脑总会不受控制地自行思考。

其实，就连思维都不是我们可以控制的。

那么归根结底，自己的生命到底是由谁来掌控呢？身体的很多机能都不是靠人的意志加以启动或停止的。自己的生命貌似能由自己左右，其实并非如此。这就是生命活动。

人体大约由 37 兆个细胞组成。每个细胞都在发挥自己的作用，而且每个细胞都有自己的寿命，寿数一到便自动消失，新的细胞前赴后继。是谁在指挥这些细胞？这同样也是生命活动。

此外，人的大肠和小肠内据说有多达 100 兆个细菌，这些细菌都是独立的生命体，它们不是你，却寄生在你的大肠小肠里。如果你觉得自己的身体完完全全归你所有，也许会想对那些细菌说：能不能不要随随便便住在我的身体里？

“没付房租就别赖着不走”，如果按照这种想法把它们从你体内赶走，会发生什么呢？那我们就活不下去了。肠道细菌承担着各种各样的职能，它们帮助我们消化食物、抵御病毒、生成维生素和荷尔蒙，我们之所以能维持生命，多亏了有它们不眠不休地为我们工作。

我们人类如果不吃东西就没法存活。那我们需要吃什么呢？大米、蔬菜、肉类……而这些其实都是生命的产物。如果不食用生命，我们就没法活下去。

人类不是靠自身生存，而是需要依赖其他生命才能维持生存。正是因为有了众多生命的支撑，这才造就了我们的生命力。这些生命着实伟大，着实了不起。

关键就在于要承认这一事实。如果能做到，那么就会越来越尊重并且感谢自身以外的生命体，进而衍生出与世界万物共生共荣的生存之道。

五大原则之二 —— 感受能量

第二条原则是感受能量。一说到能量，你的脑海中也许就会自然而然地浮现出核能、火力发电这样的词语，但其实人类也是依靠能量才能存活于世的。生命的能源在东方语汇中被称为“气”。日语中带“气”的词语非常多，比如“活気”（朝气）、“元気”（精力）、“病気”（疾病）、“気が付く”（注意）、“気が利く”（聪明伶俐）等。我想这可能是因为从前的人们是一边感受着“气”的存在，一边生活在这个世界上的缘故。

到街上走走，也许我们就能明白究竟什么才是“气”。

随便逛几家便利店，不管是 7-Eleven 还是罗森，总之去同一品牌旗下的不同分店转一转。因为连锁店有统一的装修规格，所以每家店铺的布局、陈设都大同小异，但逛了几家门店后，你就会发现店里的气氛不尽相同。有的店一走进去就会让人觉得舒服自在，有的店会让人产生购物欲，而有的店则让你立马生出一种一刻也待不下去的局促感。这些就是每家店所拥有的不同能量。

店员是否热情待客，店里是客流不断还是门可罗雀，这些都会影响门店的能量。也就是说，店里的店员、客人的能量决定着这家店的能量。

有一次，我走进一家生意冷清的门店，想稍微观察一下店里的情况，就在这时，送货的司机走了进来，周围的能量瞬间发生了变化。司机热情开朗，托他的福，原本沉闷滞重的能量场一下子活转过来。

因为住在北海道，所以我隔三岔五就会去拉面馆。虽说拉面味道的好坏是决定拉面馆成败的关键，但有些店铺就是生意火爆，而有些店则是连个客人的影子都见不着。如果有机会，请去这两类店里瞧一瞧，感受一下里面截然不同的能量。

这家店整体散发着一种怎样的能量呢？店长给人的感觉如何？店员待客是否周到有礼？拉面的味道是否令人满意？从中你就能感受到不同。有时我会去一家人气凋敝的拉面馆，尝试调动自己的能量，这一试便发现店里的气氛竟然随之改变了，客人们接连走进店里。每个人都有影响环境的能力，大家有机会可以试试。

在日常生活中，请务必学着去感受周围的能量。

从高处往低处流是能量的特质之一。

这和水的流动规律一样。

大家觉得人的能量是高还是低呢？

既然被称为万物之灵，人类的能量自然处于高位。然而，真的是这样吗？

实际上，正好相反，人类的能量非常低。

为什么这么说呢？如果将能量比作生命力，那就很好理解了。

植物植根于大地，无论是暴风骤雨、寒来暑往，还是遇上干旱气候，它都无处可逃，只能默默忍受，努力活下去。植物的繁殖能力也特别强，生命力极其旺盛。正是因为能量高，才会有如此强悍的生命力。

人类除外的其他动物同样如此。野生动物在严酷的自然环境中生存，如果没有强大的生命力就没法活下去，而它们的生命力也同样源于自身所具备的强大能量。

与动植物相比，人类有衣物蔽体，无论寒暑都能待在家里，如果换作动植物的生存环境，人类是活不下去的。这就说明人类的生命力与动植物不可同日而语，换句话说，人类的能量非常低下。

若将能量值从高到低依次排列，顺序应为：植物、动物、人类。

生命力低下的人类如何才能提高自身的生命力呢？那就必须补充某种形式的能量，而其中一个重要方法就是摄取能量值高的植物。对人类而言，植物的重要使命便是提高人类的能量。

我认为通过“感恩农法”种植的蔬菜就像能量充电器一样可以为人类提供高能量，所以，既然决定耕田种菜，我就要种出高能量的蔬菜。

现如今，低能量的食物、食材司空见惯，吃了这样的东西会对人类的能量流向产生什么样的影响呢？

因为能量从高处往低处流，所以低能量的食物下肚后会吸纳我们自身的能量。人体内的能量本来就低，进一步流失后势必会引发疾病。为了身体健康，我们需要摄取高能量的食物。

然而食物能量是高是低是一件非常复杂的事，并不是说使用了农药化肥的蔬菜能量就一定低，自然种植的蔬菜能量就一定高。种蔬菜的农家、送货的司机、市场里的商贩、餐厅里的厨师等，所有相关人员都会对蔬菜的能量产生影响。

就算喷洒了农药、化肥，只要经手的人员看重这份工作、充满自信，那么就能提高蔬菜的能量值；相反，即便蔬菜是自然种植的，但相关人员满脑子只想着赚钱，那蔬菜的能量就会由高转低。

如果大家都能像带着充电器那样活着

以往的耕种方式会慢慢耗尽土壤里的能量。若是在田里喷洒 10 份肥料，南瓜长到成熟时需要用掉其中的 2 份肥料，白萝卜需要 4 份肥料，小麦也是 4 份肥料。这么一算，田里的能量已经降为 0。于是，又要再加入 10 份肥料。如果一直采用这种方式，土地只会变得越来越贫瘠。土壤是种植庄稼的根本所在，其能量值降低会导致农作物的能量下降，想要种出具有强大生命力的蔬菜就变成了天方夜谭。如果抱着“在有限的能量范围内能抢多少是多少”的想法耕种田地，那么不管是种田的农户还是种植的蔬菜，其能量只会越来越低。

很多人都试图控制能量，换言之，很多人都在抢夺能量。一个人的能量变弱后，就会想办法从自身以外获得能量补给，于是开始口出恶言，攻击身边的人，通过在言语上压制对方从而夺取能量。

无论是夫妻吵架还是上司训斥下属，落于下风或被骂的一方都会损耗能量，为了弥补损失，他要么奋起反击，要么就近找个出气筒。长此以往，家庭和职场的整体能量就会越来越低，身处其中的人们就不得不释放自身的能量加以填补。在争夺能量的过程中，虽然会有一时的获益者，但到了最后，周围每个人的能量都会被消耗殆尽，没有胜方，全员都是输家。

“感恩农法”是基于能量是取之不竭的这一理念开展的农耕方式。当人们认为能量有限的时候，就会出现争夺和竞争。可是，如果能量是无限的，那么无论分给多少人都不会觉得心疼。

参与“感恩农法”的所有从业人员都深知这一点。作为农户，我们尽心尽力地种植蔬菜，养护土地，让田里的所有生命充满勃勃生机，这样一来，就能种出高能量的蔬菜。

设想一下，我们倾尽心力终于种出了100分的蔬菜，负责配送的司机师傅同样把蔬菜看作宝贵的生命，在运输过程中小心开车、轻拿轻放，于是蔬菜又获得了50分；送到餐厅后，厨师通过精心烹饪，使得食材的生命力焕发得淋漓尽致，这就又多加了50分；店员一边给顾客点菜，一边在心里为他祈愿祝福，再加50分；当把做好的菜品端到顾客面前时，原本100分的蔬菜已经涨到了250分。继续想象一下，有位顾客刚刚失恋，十分沮丧，全身能量已所剩无几。这时，吃上一盘250分的饭菜，立刻满血复活。

“这个菜真的太好吃了！”

如果他满怀惊喜细细品尝，蔬菜的能量值便会进一步提升。

“那家店的菜好吃得不得了，听说用的都是感恩蔬菜！”

客人在就餐后不时向身边的亲朋好友大力推荐，许多人因此慕名而来，怀着期待与喜悦品尝用感恩蔬菜烹制的饭菜，并因享用到如此美味而心生感激。就这样，能量不停地回旋流动，最后必定会成为一种回馈再流回农场。

如此一来，能量流形成循环，能量场的规模也将无限扩大。

因此，我们无须因为自身能量的流失而去抢夺别人的能量，以此作为补充。如果能带着喜悦之情和感恩之心投入到工作中，能量自然就会提高。

“就好像随身带着充电器一样。”这就是我的想法。

无论作为职场的一员，还是家庭中的一分子，首先要考虑的是如何提高职场与家庭的整体能量，而不是被眼前的利益所左右。另外，从他人身上抢夺是无法获得能量的，只有通过互相鼓励，能量才能获得提升。如果每个人的能量都得到了提升，那么整体能量自然也会越来越强大。

能量是往低处流动的，也就是说，能量会朝着需要它的地方流去。既然能量取之不竭，那就无须可惜，也不必吝啬，而要高高兴兴地将其分享给需要它的人，这样对方也会因为接受馈赠而心生喜悦，反过来我们的能量也会因此得到提升，这就是“感恩农法”的高明之处。

自从大地离世后，我开始不停地说“谢谢”，说着说着，我发现世上万物都变得越来越可爱，越来越珍贵。现在想来，之所以会有这样的转变，是因为当时的我已经拿到了那个充电器的缘故吧。故而，当遇到经营状况不佳，农场陷入困顿、随时都有可能关门大吉的时候，我都能稳住自己，冷静地思考问题，也正因如此，奇迹接连发生了。

如果能慢慢开始感受能量，那么生活方式就会随之改变。

所以，请大家务必在日常生活中试着去感受身边的能量。

五大原则之三 —— 相信丰收

第三条原则便是相信丰收。

所谓丰收，一般指的是农作物实现高产量，而我却想把它称为孕育生命的力量，在我看来，这也是大自然的法则。比如像太阳、大地、水和空气，都蕴含着无限的能量，对于孕育生命而言，它们都是不可或缺的存在。

之前提到的“充电器”其实就是“丰收”，从它那儿可以汲取源源不断的能量。带上这个“充电器”，就不会老想着要从别人那里强取豪夺，而且不管给予别人多少能量，只要充好电，能量马上变回满格，完全不用担心自己会遭受任何损失。

想不想和“丰收”连上线？

能不能与之连上线，关键就看你是否相信“丰收”。

我觉得丰收就像圣诞老人。每年到了圣诞夜，圣诞老人就会驾着麋鹿拉的雪橇给孩子们派发礼物。对孩子们来说，那一晚是一年当中最令人期待的时刻。

在孩子们眼中，圣诞老人意味着丰收。如果心里惦记着游戏机，那第二天早上一睁开眼，会发现枕头边上摆着心心念念的游戏机。对他们而言，这就是最了不起的奇迹了。孩子们深信圣诞老人的存在，只要向他提个小小的愿望，就能得到礼物。丰收也是如此，从心底相信它，然后诚心许愿，之后就能获得自己想要的东西。

成年后还有谁依然相信圣诞老人会在圣诞夜派送礼物呢？应该没有了吧。

为什么会这样呢？

理由很简单。因为长大后已经没人会相信世上真有圣诞老人了。既然没人相信，所以圣诞老人也就不再来了。

这个世界上到底有没有圣诞老人？礼物是不是谁买来放在枕边的？这些事情其实大可不必追根究底。如果你会因为收到礼物而雀跃，那何不让圣诞老人年年都来、永不缺席呢？可是成年人考虑的总是“这怎么可能呀”“太不现实了”，于是好不容易到手的收礼机会就这么溜走了。

丰收和圣诞老人是同样的道理。对于如同圣诞老人一般存在的丰收，我到今天依然坚信不疑。

因为受到丰收的庇佑，我衷心希望有更多的人能与丰收连上线。然而，现在越来越多的人不相信看不见的事物，所以这样的希望总是落空。

我一直认为太阳每天都会升起，所以将之视为理所当然的存在，因为理所当然，就觉得没有必要表示感谢。可是，仔细想想，正是因为有了太阳的能量，我们才得以活在世上。水同样如此，如果没有水，我们也无法存活。跨进浴缸泡澡的时候，想必没有人会意识到满满一缸都是来自丰收的恩赐吧。事实上，正是因为水能让我们恢复活力，我们才会觉得泡澡是如此惬意的享受。

空气的重要性就更不必多言了。在一段时间内不吃东西不喝水，人依然可以存活。不过，没有空气那就另当别论了。如果呼吸不到空气，短短几分钟内，人就会窒息而死。

五脏六腑之所以能正常工作也是丰收的功劳，毕竟心肺肝肾脾不是靠我们自己就能好好运作的。明明是生存必不可缺的元素，却被我们视为理所当然之事，既没有意识到它们的存在，也不抱有丝毫谢意，甚至连仰赖丰收才得以生存这一基本事实都不愿相信。正因如此，即使丰收的初衷不仅是为了让我们活下去，还希望赐予我们更宝贵的礼物（比如责任、使命），可惜因为我们自己的愚鲁，而最终无缘领受这些礼物。

手机与手机之间是依靠肉眼不可见的电波才能通上话的。“因为看不见，所以不相信用手机通话是电波在起作用。”应该没有人会这样想吧。可见，就算有些东西无形无状，但我们仍然相信它们是真实存在的。既然我们都能相信电波的存在，那为什么就不相信是能量在让五脏六腑发挥机能呢?

我们就像与丰收连接的终端，而丰收想要向我们传递无限的能量和信息。可是，因为我们不愿相信，一味否定、一味拒绝，致使迟迟无法成功连线。想想就觉得痛惜。

当我们沐浴在阳光之下，心里如果能闪过这样的念头——“感谢明媚灿烂的阳光让我精神焕发”，就能慢慢感受到丰收的存在。我觉得我是因为不断地说“谢谢”才和丰收连上线的，进而才会有令人难以置信的奇迹接连降临身旁。这绝不是因为我有什么特别之处，换作其他任何人，这样的好事一样会发生。

与其去求证圣诞老人是否真的存在，不如放下疑问选择相信，毕竟获得礼物是件非常快乐的事。

当想象成为现实

丰收是孕育世间万物的根本所在，无论好坏全都出自丰收这一源头。

我生活在洞爷的乡下，置身于村垄田头，自然资源丰沛，吃穿用度都不用发愁，所以无须从丰收那里索要多余的东西。如果住在城市，就得大量获取丰收产出的食物。人们喜欢东跑西逛寻觅美食，在享受乐趣的同时，人也变得越来越胖，或是患上心血管疾病，或是开始拼命节食。我忍不住想，这不是在白白糟蹋丰收辛苦产出的宝贵能量吗？

将丰收和现实连接起来的，是“想象”。

我们的头脑每天都要思考很多事情。不知大家是否相信，其实头脑中的思虑会影响现实生活。针对想象，大脑会做出反应，从而产生之后的一系列行为。

让我们先来做个小实验，看看大脑是如何产生自发反应的。

请读一下以下几个短语：

“祸福皆因……”（强出头）

“人有失足……”（马有失蹄）

“精诚所至……”（金石为开）

怎样？在读到这些短语时，是否引发了大脑的联想？当看到“祸福皆因”时，大脑是不是就自作主张地接上了“强出头”？明明只有“人有失足”四个字，脑袋里是不是又自动跳出了“马有失蹄”这后半句？说起“精诚所至”，自然而然就接上了“金石为开”？正是因为我们大脑中已经深深印下了后续的“强出头”，所以一旦看到开头的“祸福皆因”，大脑就会自动做出判断，填上后半句。要是考试时遇到这道题，我们就会收到指令，写下“强出头”这几个字。大脑也是用同样的方式引发行动的。

在务农时，经常会碰到这样的情况。

大雨连着下了好几天，不知不觉就会冒出这样的念头：“唉，这雨要是照这么下下去……”

如果这时，脑袋里想象的是“……田里的菜都要被泡烂了”，那么结果就真的会如你所想。你大脑中想象的画面会传达给丰收，而丰收会按照这一画面将其变成现实：蔬菜真的都被泡烂了。

我跟其他农户谈起过自然耕种的事，也就是不喷农药、不施肥料，完全相信农作物本来就具有的生命力。

这些农田里的行家里手固守农家常规，认为我的方法“完全行不通”。他们只要一想到“要是不洒农药的话……”“田里如果不堆肥料……”，就会自动脑补“肯定会爬满虫子”“庄稼还不得生病”“蔬菜压根长不大”这样的画面。丰收全盘接受这些想象，然后把它们统统变成现实。

在田里干了半辈子的农民伯伯对于自然耕种法这一新事物抱着半信半疑的态度。听到有人说不喷农药不施肥料也没问题，就像是在否定自己务农以来一直使用的方法，所以对他们来说，很难想象“自然耕种也行得通”。也正因如此，他们就没法从丰收那里获得“行得通、没问题”的能量，所以即便尝试了，最后也注定以失败告终。

反倒是那些刚开始务农的新手，由于之前长期在城市居住，没有太多先入为主的观念，他们都能把我的话听进去，并在脑海里生成“行得通”的画面，最后在短时间内成功地实践自然耕种法。对此，他们也感到非常惊讶。

一旦对大脑和想象的运作机制有所了解，那么自己的语言以及思考方式也会随之改变。

如果心里老想着“千万不要失败”“拜托不要发生任何意外”“老天保佑别下大雨”，那么大脑捕捉到的就是“失败”“意外”“大雨”这样的关键词，然后便形成“失败了”“发生了意外”以及“下了大雨”这样的画面。如此一来，最后的结果便会与原先的期望背道而驰。

想从丰收那里获得你想要的结果，就必须直截了当地想象希望成为现实的画面，斩钉截铁地告诉自己，“我一定能成功”“我一定可以做到”“我一定会幸福”。

人们往往以为自己过得幸福或不幸福是由现实条件决定的，可现在的我并不这么看。先是有了想象的画面，才会被画面引导着走向与之对应的现实。

在农场经营陷入困境的那段时间里，我最先做的就是认真地去想象“‘感恩农法’大获成功”的画面，这么一想，类似“哇，真的太幸福了，怎么能这么快乐呢”的感受便随之而来。之后，峰回路转，明明是已经濒临倒闭的农场，却出人意料地获得了银行贷款。其实，出现转机的背后存在这样的前因后果。

木村秋则先生是热映电影《奇迹的苹果》中男主人公的原型。机缘巧合下，他听说了我们的故事，于是特地去拜托青森县的银行：“在北海道尝试自然耕种的年轻人遇到了困难，无论如何请务必要帮帮他们。”没想到这话传到了北海道分行，他们为我们开了先例，特事特办，批准了贷款项目。木村先生古道热肠，逐一说服银行负责人，多亏了他的大力协助，我们才能走出困境。

从此，“感恩农法”开始一步步地走向成功。

认为自己不幸的人是没法过上幸福生活的。只有认为自己会获得幸福的人才能越过越好。所以，无论处于何种境地，坚信自己一定会幸福便是通往幸福的捷径，同时无论发生什么事，都要报以感恩之心。

说到这里，有人这样回应。

“阿贵，你说得太有道理了，不容置疑！”

“谢谢你的肯定，不过你刚才那句‘不容置疑’一出口，大脑怕是会直接理解成‘怀疑’，并且马上形成相应的消极画面。丰收接受图像信息后，就会按照怀疑状态产生不好的结果。我之前就吃过这样的亏。”

他听后大为诧异。这并非危言耸听，大脑不理解否定含义的句式，“不容置疑”就等同于“怀疑”，“不讨厌”就是“讨厌”，所以只要干脆利落地说‘我完全相信’，就不会有问题了。

植物互助的秘密

相信丰收，你就会发现一切都是最好的安排。正因为我们从心底深处相信丰收能够容纳世间万物，心之所向都能通过丰收得以实现，所以“感恩农法”才会成功吧。这绝非盲信盲从，只要仔细观察农田和农作物，就会明白所有一切确确实实都拜丰收所赐。

我坚持通过语言来表达自己的感激之情，在此过程中，我开始意识到身边的一切都是我的好伙伴，不仅仅是人，就连野草、虫子、细菌、农具、耕种机械，都是我的朋友，对我而言至关重要。既然是朋友，就想了解它们的方方面面，比如性格、喜好、具备的能力，怀有怎样的愿望等。所以第一步就是要全方位地认识它们，于是我开始认真地观察起来。

正是在观察的过程中，我发现了原来所有一切都是最好的安排。

要想庄稼长得好，土壤是关键，这一点不说大家都知道。

经常有人问我：“你是用什么方法改善土质的？”

“其实我什么也没做。”

听到这种回答，对方肯定不以为然。

“因为是商业机密，所以不好说吧。”

可我真的什么都没做，哪有什么秘密，只要是我知道的，肯定不会藏着掖着。

我一直相信，改善土质的最好方法就是停止一切有违自然规律的事。

虽说人类身上也有自愈力，但和大自然相比，简直微不足道。只要放任不管，不要妄加干涉，大自然的自愈力就会越来越强大，而土地很快也会恢复到原先的健康状态。到那时，再借助植物、虫子、微生物等小生命的一臂之力，土地就会焕发出无限生机。

以往的农耕种植观念认为，庄稼在生长过程中势必会吸收土壤里的养分，为了弥补损失，就必须给土地添加肥料。

不过，经过我的仔细观察、进而了解了农田里的小伙伴后，我发现事情并没有那么简单，这不是少了添、多了减就能解决的问题。

比如，农田里种有卷心菜，在生长的过程中，卷心菜需要吸收土壤中大量的钙，所以等到采收完这批卷心菜后，田里的钙就不够了。为了尽快把流失的养分补回来，以往的做法就是在田里施上钙肥。

不过“感恩农法”不会这么做，我们就把农田晾在那儿不去管它。大家猜猜之后会怎样？

有趣的事发生了。放任不管的田里长出了好多野草。都是些什么草呢？草籽是偶然掉落在田里，才长出了这片草吗？

并非如此。

田里长满的不是其他野草，而是具有某种特质的灰菜和反枝苋，它们长势惊人，往往能长到与人同高。这两种野草有一个共性——都能在自身体内合成钙。让它们在田里自由生长就能补充土壤中流失的钙质，让土地恢复到养分平衡的状态。

实在太让人惊讶了，大自然的自愈能力简直令人惊叹！

我还做过这样的实验。在农田一角种上卷心菜，边上种了些土豆，等摘收完，我会仔细观察田地里会长出什么样的野草。

正如上文中提到的那样，种卷心菜的那个角落里长出了补充钙质的野草，而土豆因为在生长过程中几乎不怎么吸收土壤里的养分，所以收成过后的那一小块土地有些营养过剩了。不过有意思的是，等土豆采摘完毕后田里长出的野草，比如禾本科的稗子，竟然能吸收田里多余的养分。

其实，就算是施了肥的农田，也照样会长出各种各样的野草来，但在放任不管的农田里，野草像是知道这里种过卷心菜、那里种过土豆似的，会长在它们该长的地方。它们是不是很厉害？为我们改善土质的就是这些野草。哪有什么商业机密，如果这也算什么独门秘籍，不要客气，取走不谢，请大家尽情使用吧（笑）。

野草可以帮忙改善土质这件事是田埂上的野草告诉我的。在刚实践自然耕种法的时候，虽然也没有喷洒农药、化肥，但我就像眼里容不得沙子似的，拔光了田里的野草。结果只收获了小指头般大小的胡萝卜和比乒乓球还要小的洋葱。

怎么就种不出像样点的庄稼呢？为此，我头疼不已。有一天，我看着田埂上的野草，脑袋里突然冒出疑问：眼前的野草既没人施肥，也没人播种，为什么年年都能有这般长势呢？到底是什么在养育这些野草呢？我这人有个脾气，就是一旦有了疑问就一定要追根究底，于是从那天起我就跟田埂较上了劲。

“原来是这么回事啊！”就在某个瞬间，答案突然闪现。

养育今年野草的就是去年的野草，如果说去年的野草是妈妈，那今年的野草就是孩子。我终于明白，去年的野草变成了养分，也正是在其滋养下，今年的野草才得以蓬勃生长。

照这么说的话，拔光野草岂不是坏了大事，等同于把孩子的妈妈给夺走了？！好吧，就让我家农田里长满野草，让它们成为提供养分的妈妈，好好培育卷心菜、胡萝卜和洋葱宝宝吧。

结果让人大喜过望。从那以后，我家的农田虽然野草丛生，却种出了优质、美味的蔬菜。

相信丰收，不去干预大自然的行事规律，最终我们收获了圆满。

大自然揭晓了微生物和土地之间的关系

研究土壤中的微生物是如何工作的，也是一件饶有趣味的事。微生物大致可以分为“好氧菌”和“厌氧菌”两大类，顾名思义，前者喜欢空气，而后者则讨厌空气。这样的性质决定了农田的表层土壤中分布的是好氧菌，厌氧菌则待在土壤的下层。

好氧菌和厌氧菌协同合作，将土壤里的有机物分解成植物可以吸收的养分，同时将有害物质转变成无害物质。如果好氧菌和厌氧菌之间的平衡状态被破坏，土质就会下降，没法种出优质的农作物来。使用农药和化肥势必会破坏好氧菌和厌氧菌之间的平衡，让原本可以大有作为的微生物失去用武之地。

在研究微生物的过程中，我还碰见了一件非常有意思的事。

如果试着在田里挖掘，会发现在离地表 10 厘米到 20 厘米之间有一层非常坚硬的土壤——硬盘层（也称为犁底层）。大家可以试试将铁棒插进田里。大多数人一定会以为这还不简单？肯定想插多深就能插多深。然而，在几乎所有的农田里，铁棒都会卡在硬盘层，也就是说，只能插到 10 厘米到 20 厘米左右的位置。

因为有硬盘层，蔬菜的根系就没法往下深耕，遇到阻碍后只好横向生长。硬盘层容易积水，同时温度也会下降，不利于农作物的生长。长得高的庄稼因为根茎没法扎得更深，一旦遇上下大雨刮大风的天气，就容易倒伏。有的白萝卜之所以长得奇形怪状，也是因为根系顶到硬盘层，没法自然往下生长的缘故。

这个硬盘层让农家大伤脑筋。如今，有的农户会使用大型机械击碎硬盘层，不过据我观察，虽说借助外力破坏硬盘层后，铁棒能轻松插进50厘米深的土壤，但是过了短短一个星期，在离地大约20厘米深的地方又会重新生成坚硬的屏障。

硬盘层是怎么形成的？它为什么会存在？

我苦苦思索，最后终于找到了答案，这次为我提供线索的还是我家农田旁边的田埂。之前就是田埂让我明白了野草的重要性，可见大自然就是我们的老师，她教会我们的事情简直数不胜数。

我试着用铁棒插进田埂，想看看那里是不是也有硬盘层。这么一试，我发现铁棒竟然可以一下子插至五六十厘米深。太奇怪了，这到底是怎么回事？

山上的土壤同样松软，铁棒也能插进很深的地方。山上长有高大的树木，如果在离地表20厘米处碰到硬盘层，根系无法往下生长，无论横向伸展的范围有多广，只要树木长到一定高度，就势必支撑不住，最终会轰然倒下。那些高达一二十米的大树就算遇到台风也能屹立不倒，就是因为树根深深地扎在了土壤之下。

为什么田埂和山上都没有硬盘层，偏偏农田就有呢？

既然土壤的构成和微生物有关，那么硬盘层的形成是不是也和微生物有关？

从微生物的分布情况来看，硬盘层那一带是厌氧菌的主场。那厌氧菌究竟为什么要聚集在这里形成硬盘层呢？这道谜题似乎变得越来越难解了。

我绞尽了脑汁也没想出个所以然来。

就在这时，我脑袋里蹦出了“丰收”二字。

丰收是孕育世间万物的源泉，那么孕育土地的自然也非她莫属了。如果深入土地一直往下挖掘，应该会和丰收相遇吧。植物的根系就是朝着丰收所在的方向伸展的，可厌氧菌却在途中制造了硬盘层这道路障，而且这道路障只存在于农田，田埂山上都没有。这其中究竟蕴含着怎样的道理呢？

农田和田埂、大山不同，人们在田里又是喷农药又是拔野草，它早就变成了人类动辄便要横加干预的地方，但在田埂和山上，人们不需要做这样的事。这一不同会不会就是揭开谜题的关键？

打个比方，丰收就像妈妈的子宫，里头住着小宝宝，妈妈的身体就是用来保护小宝宝的。一旦有害物质进入母体，体内的防御机制就会阻止它继续入侵，从而保护孩子的安全。

或许可以这样理解，农田里也有类似的防御系统在发挥作用。

于是我做出了这样的假设：为了阻挡农药、化肥之类的有害物质入侵土地，厌氧菌搭建了一道名叫硬盘层的屏障。

大家觉得这个假设有没有道理呢？

不过，当假设缺乏实证支持时，就难以得出确凿的答案。我不是科学家，所以我决定按自己的方式用“感恩农法”加以证明。

尝试每天对厌氧菌说“谢谢”

大家有没有觉得硬盘层和厌氧菌的话题趣味盎然？又或者对此感兴趣的只有我一个？不管怎么样，请允许我继续谈论这个话题吧。

我认为，丰收一直想要为人类提供帮助。就像孕育了广袤的森林一样，她也一定希望能把农田打造成一个可以让众多小生命繁衍生息的地方。人们享用田里种的蔬菜，健康快乐地生活着。然而，人类却辜负了这番美意，他们不相信丰收，只相信农药和化肥，硬生生地在自己和丰收之间筑起一道隔墙，而硬盘层就是这道隔墙在现实世界中的具象化。

反过来看，正因厌氧菌筑起了硬盘层，才能有效防止有害物质入侵，进而守护作物的安全。

我查阅了大量书籍，又向许多人打听请教，想尽了各种办法试图消除硬盘层，可都无功而返。

每次拿起铁棒往田里插，一到20厘米左右深的地方，就“咚”的一声卡住了，屡试屡败，心里不免感到又沮丧又无奈。

如果从“感恩农法”的视角来看，应该如何解决这个问题呢？我换了个角度，开始重新思考。

“感恩农法”的核心思想在于：即便面对不顺心的境况，也要满怀喜悦。因为无论遭遇何种困难，期间都有生命在怦然跃动，当发现这一点时，心中翻腾而起的欢欣雀跃就会成为“感恩农法”的能量。沮丧也好，彷徨也罢，这些消极情绪都不符合“感恩农法”的理念。

我想起有一次我盯着一颗生菜，看着它慢慢烂成一摊浓稠的黏液。那一刻，我实在太高兴了，因为通过生菜腐烂这一现象，我意识到看不见的病原菌原来具有如此蓬勃旺盛的生命力。一颗快要烂成水的生菜证明了病原菌的存在。

于是我开始思索硬盘层的存在是不是也出于同样的道理。铁棒插进田里，“咚”的一声就没法往下戳了，这难道也是为了让我发现原本看不见的生命形式吗？对了，这是不是在用一种便于理解的方式，让我明白土地之下还有无数正在辛勤工作的厌氧菌呢？硬盘层的存在正是为了展现厌氧菌活跃的生命力。这么一想，原先的沮丧、无奈一扫而光，心情一下子变得轻松敞亮起来。

和之前一样，我开始对着厌氧菌说“谢谢”。为了我们人类，厌氧菌正在竭尽全力地守护丰收。它们不是捣乱生事的家伙，也绝非应该被处之而后快的恶棍，相反，它们是给予我们帮助、值得我们感激的贴心伙伴。

我下定决心，一定要通过“感恩农法”来证明厌氧菌是人类的好朋友。

从那天起，我就开始对它们说：“请你们一定要相信，今后我再也不会做任何污染土地的事了。”

我家农田的田垄两头相距 270 米，我每走一步，就用铁棒戳一下，说一声“谢谢”。走一步，戳一下，说一声“谢谢”，然后不断重复这套步骤，如此一来，把田垄从头到尾走上一遍就要花上好几个小时。

日复一日，我就这样拿着铁棒在田里边戳边走。厌氧菌干起活来当真是拼命三郎，硬盘层岿然不动，依旧硬邦邦的，连一点变松变软的迹象都没有，可我还是每天坚持对它们说：“谢谢你们这么拼命地工作。”

大概过了一个月，我感觉到硬盘层似乎有点松软了，看来是厌氧菌准备要原谅我了，我心头一阵狂喜。于是我再接再厉，继续对它们表示感谢，之后发现农田里有些地方，铁棒竟然能插到 50 厘米左右的深度了。

“啊，厌氧菌开始相信我了。”我激动得一颗心狂跳不已。

“对于这份信任，我应该有所回应才是。”我自言自语道。

我意识到，在我内心深处同样存在着硬盘层，当我的内心开始变得柔软，田里的硬盘层也随之慢慢软化。

在坚持了一两年后，现在农田里有好些地方，铁棒插入的深度已经增加到了 1 米，虽然另一些地方依旧只能插进 20 厘米，但能和厌氧菌相遇相识，我就已经非常知足了，像灰心、失望之类的情绪早就被抛到了九霄云外。

当看到铁棒能插进 50 厘米甚至 1 米深时，我心中的喜悦简直难以言表。丰收似乎触手可及，那种幸福感让我情不自禁双手合十，热泪盈眶。丰收就是具有如此强大的力量，能激发出人类心底深厚绵长的感恩与感动。

守护丰收的优秀团队

所有生命都是从丰收那里获得能量的，因此，他们也将全力守护丰收视为己任。厌氧菌为了感谢丰收的支持，筑起硬盘层来保护丰收不受有毒物质的侵害。在我按照自己的方式解开了硬盘层的谜题后，心中萌生出一种非常强烈的愿望——成为像厌氧菌那样的存在。我打心底感谢丰收，如果能成为作物的守护者，那我就此生无憾了。

我身边的小伙伴们——田里的植物，小虫子，微生物——都是指引我开启无憾人生的老师。

它们每一个都有自己专属的、用来守护丰收的“解毒”绝技。

以植物为例，人类在田里施肥、喷洒农药，眼看着有害物质可能通过土壤污染作物，这时植物的根系就会吸收毒素，将其储存在细胞里。这么一来，细胞就会膨胀变大。只要施肥，农作物就会长得格外壮实，原因就在于细胞被有害物质撑大了。

一旦把这些看似长势“喜人”、实则细胞内存满毒素的农作物吃进肚子里，肯定会对身体健康造成不良影响。

化肥的发明者了解植物的生长机制，知道如何能将植物培育得又高又壮，他最主要的目的就是尽快把田里的庄稼变成人们盘中的饭菜。当年，他一定是为了帮助大众才会不辞辛劳地投入到化肥的研究中去的。

吸收了有害物质的植物，细胞膨胀变大，提前成熟，同时也难逃过早衰败枯萎的命运。一旦变枯变黄，它们将重返土壤。这时，体内的有害物质就会转变成无害物质，如此一来就能避免作物被污染。

听起来是不是很厉害？

对空气和水同样如此。植物从空气、水中吸收并储存毒素，在自身体内对其进行无毒化处理，然后再将净化后的物质释放到外部世界。

那小虫子又是怎么做的呢？

野生动物在排出粪便后，总会有什么东西成群结队地聚拢过来。没错，就是苍蝇。它们会把动物的粪便细碎化、无毒化后重新归土归尘。以前的农家刚在田里撒上粪肥，就会招来一大群虫子。它们使出浑身解数，对粪尿进行无毒化处理，目的就是为了保护农作物不受毒素侵害。

顺着这个思路，小虫子啃食蔬菜又该如何解释呢？虫子这么做同样是在给蔬菜解毒。常听人说“蔬菜遭虫咬，说明蔬菜既安全又好吃”，可在我看来，这种说法已经被扒下了神话的外衣。如果真是安全且生命力强的蔬菜，虫子是不会下嘴的。

就算用“感恩农法”种植的蔬菜也会遭虫咬，那是因为蔬菜在生长过程中吸收了土壤中的毒素。特别感谢小虫子用它的方式提醒我这些蔬菜不能被当作商品运送出去。

不过话说回来，除了给农作物解毒，小虫子自然也是要满足口腹之欲的。把田里需要无毒化处理的蔬菜咬了个遍后，虫子也不可能马上撤退，什么都不吃了。其实有一种方法可以区分虫子究竟是为了给蔬菜解毒还是纯粹只为了让自己吃饱喝足。以卷心菜为例，如果只有最外层的叶子遭了虫咬，那就可以断定虫子是为了满足自己的食欲；如果是为了给蔬菜解毒，那么它们就不会只咬最外层的叶子，而是一路往里钻，一直吃到菜心才罢休。像这样遭到虫子逐层突进啃食的卷心菜，如果就这么放着不管，最后就会烂成一摊水，可如果卷心菜只是最外层有虫眼，同样被晾在原地，它反而会开花结籽。

一想到小虫子也在卖力为我们干活，它们的形象是不是瞬间就变得有点可爱了呢？城里人一看到虫子就大呼小叫，可如果没有了它们，谁来保卫丰收？甚至可以说虫子是我们人类的守护神。

微生物也是我们的亲密战友。

它们的解毒方式分为两种——发酵和腐烂，其实两者本质上是一回事。对人类有益的过程是发酵，反之，对人类有害的过程是腐烂。说到底，这种分类方式不过是基于人类随心所欲制定的判断标准罢了。比如，有生命力的葡萄会发酵，没有生命力的葡萄会腐烂。持续发酵就会变成酒，进而变成醋，最后变成水；持续腐烂则会发霉，霉菌进一步加速腐烂，细胞破碎溶解，最后变成水。虽然过程不同，但最终殊途同归，都变成了水，从而完成无毒化处理。

有生命力的物质通过发酵变成水，把营养成分留在土壤中；没有生命力的物质则通过腐烂全部化为水。两种形式都彰显了大自然神奇的力量。

在执行解毒任务的过程中，植物、虫子、微生物并不是在单打独斗。它们组成了一个团队，一个完美高效的系统，共同守护着丰收。我相信它们非常清楚自己的使命，故而能坦然面对命运，为了丰收，哪怕献出生命也在所不惜。

如果我们人类也能成为这个团队的一分子，和自然万物一同守护丰收，那该有多好！可惜，这一美好愿望总是难以实现。那么至少，我们应该对它们好好地说一声“谢谢”。

谢谢你，植物。

谢谢你，小虫子。

谢谢你，微生物。

五大原则之四 —— 了解阴阳

我已经花了不少篇幅来解释何为丰收，正因为她是帮助我们生存、给予我们能量的伟大力量，所以用再多篇幅来说明也不为过。相信丰收的人和怀疑、否定丰收的人，无论是生活方式还是人生境况都有着天壤之别。

如果你心存疑虑，就请将手放在胸膛上，感受一下心脏的跳动。它为什么会不眠不休地跳动？毋庸置疑，绝不是因为心脏听命于你的意志。然而，势必有什么力量能让它不分昼夜、不知疲倦地跳动着。想到这里，如果你惊叹不已，并由此产生感激之情，那么相信丰收的存在也就指日可待了。

不仅仅是农业，在制造业或服务行业工作，只要相信丰收，你就会有意识地珍惜身边的一切，对待工作的态度也会发生转变。所以请务必以阅读本书为契机，认真思考丰收的哲理，你的人生之路或许会通向更美好的未来。

接下来，让我们回到五大原则。前文已向大家介绍过，第一条原则是认同生命力，第二条是感受能量，第三条是相信丰收。现在，我准备聊一聊第四条原则——了解阴阳。

阴和阳是由中国古代的某一思想流派所提出的哲学概念，他们认为世间万物按其性质都可以分为阴性和阳性，所有物质的形成以及现象的发生都是以达到阴阳平衡为前提的。阳性物质活动量大、能量消耗多，而阴性物质则多处于安静的状态。

如果了解了阴阳平衡的重要性，明白了大自然是如何巧妙圆融地让万物达到阴阳平衡，那么从事农业的手段、对待生活的态度，以及思考问题的方式，都会发生巨大转变，进而更容易与丰收产生关联。

阴和阳的含义非常深奥，为了便于理解，我就从身体健康和饮食开始谈起。夏天属于阴性还是阳性呢？夏日里阳光灿烂，人们更乐意活动身体，活动量加大，所以是阳性的，反之，冬天属于阴性。

在炎热的夏季，人们总想吃点、喝点清凉的东西，比如冰啤酒、冰激凌、西瓜、西红柿。也就是说，待在阳性的环境下，人就会想吃一些清热解暑的阴性食物。通过这种方式，人体达到阴阳平衡。这和在寒冷的季节想吃些热乎乎的食物是一个道理。

体内的阴阳一旦失去平衡，人就会生病。大家一定都听说过“长寿饮食法”吧，这是一种以糙米和蔬菜为主要食材的健康饮食法。现在，人们都喜欢在高档餐厅享用以“长寿饮食法”烹制而成的餐食，但最初它是因为其治病和食疗效果而广为人知的。养食家樱泽如一先生基于对抗病痛的亲身经验，主张通过调整饮食使体内的阴阳重新恢复平衡，这样疾病就能不药而愈。“长寿饮食法”就是经过系统化整理而成的食疗心得。将饮食与哲学合二为一，可以说是划时代的创举。樱泽先生的著作中令人豁然贯通的词句层出不穷，一边品读一边忍不住拍案叫绝。

总体来看，大部分病人的体质都偏阴性。因此，应该尽可能多摄取阳性的食物以让体内达到阴阳平衡的状态。如今，体温偏低、畏寒怕冷的人大幅增加，许多医生都认为，这也是导致罹患癌症及其他不治之症的病人不断增加的原因。体温偏低、畏寒怕冷也许正与阴性食物摄取过多以及冰箱和空调的普及有关。

像白萝卜、牛蒡、胡萝卜之类的根茎类蔬菜都属于阳性食物。就植物而言，向上长得比较高的植物一般都是阴性的，沿着地面蔓延生长或长于地下的植物属于阳性。所谓异性相吸、同性相斥，阴性的物质会受太阳吸引，而阳性的物质会避开阳光、朝着和太阳相反的方向生长。人类和植物一样，身材高瘦的体质一般偏阴性，而身宽体胖的大多为阳性。在动物界，像长颈鹿这样的高个子属阴性，长得比较矮的豹子则属于阳性。

大自然的运作机制旨在实现阴阳平衡。仔细观察一下农田就会发现一个有趣的现象：在某块田里，野草长得又高又茂盛，而边上那块田里却长满了矮矮的草丛。当时我想不明白为什么会出现这般奇怪的景象。经过一番调查，我发现阴性的农田里会长出低矮的阳性野草，而在阳性的农田里则会长出高大的阴性野草。经过这番调整，农田就能达到阴阳平衡的状态。

人也一样，天生就具备调节阴阳平衡的能力。然而，现代人有太多不符合自然规律的生活习惯，体内阴阳调和的机制早已紊乱。比如，一整年都在不断摄取阴性的白砂糖，冬天照样吃冰激凌，天天抱着导致体温下降的饮食恶习不放。维持健康的机制被破坏，身体自然就垮了。话说我很喜欢吃百奇巧克力棒，吃完甜食就会想吃点咸的东西中和一下，这么一甜一咸，我体内就重新恢复了阴阳平衡（感觉有点像在为吃百奇巧克力棒找借口）。

留意一下周围人的生活也会发现，调节人类阴阳平衡的不仅有饮食，还有环境。

“阳性体质的人喜欢在房间里放一些高大的植物盆栽，或者不开灯而是借助其他光源来让屋子尽量显得暗一些。”

有一次我刚表达了上述观点，底下就有位公司管理者哈哈哈地笑开了：“这说的不就是我嘛！”

他是一个性格开朗、特别阳光的人。后来，我去他家拜访，房间就像电视剧里那样布置得十分精美，可是屋内光线却非常昏暗。我不太适应那样的空间，可对他而言，家却是一个安心惬意的所在。你也可以说，这可能反映了他性格中隐藏的阴郁的一面，不过无论是谁，都会通过这样或那样的方式尝试维系自己的阴阳平衡。

公司运营也遵循着同样的道理。

正如世上没有两片完全相同的叶子，只要有人聚集的地方就势必会出现各种差异。有能说会道、开朗外向的人，也会有沉默不语、文静内向的人。正是因为由形形色色的人组成，公司才能实现平衡状态。

如果公司来了一个和其他人都不太合拍的新员工，那我们不应该排挤他，而是要意识到他之所以来这里工作就是为了调整公司内部的阴阳平衡，我们应该对他心怀感激。如果再仔细观察一下，没准会发现只要他在场，职场能量就会慢慢稳定下来。从阴阳平衡的角度来看，公司还真少不了这位新同事。

包括人类在内，大自然每时每刻都在为调整偏差以求达到平衡状态而努力着。了解阴阳，在日常生活中有意识地思考这个问题，那么对于任何事物都会产生感恩之心，进而领悟生命的奥义。

从农田里学会阴阳平衡

等我了解了阴阳法则，再度踏入农田时，就会立刻注意到农田里存在着许许多多的平衡关系。

农药和化肥都属于高强度的阴性物质，如果在田里大量使用，这块农田就会偏向阴性。为了重新回到平衡状态，就需要往其中加入阳性物质。于是，田里开始长出阳性的野草，可因为农家见草就拔，所以野草没法充分发挥作用。这时候，在田里工作的人就不得不具备阳性特质了。

要想带有阳性特质，农家就得在田里来回耕作，这么一来，人不免会变得手忙脚乱，这个活得抓紧干，那个活也不敢懈怠，心浮气躁之下，一个不小心就会受伤。同时，资金的流动周期也会缩短，即使田里丰收获得了高额利润，但钱来得快，去得也快。

自从我不再使用农药和化肥后，经常会去田里看看农作物、瞧瞧小虫子，慢慢地，我学会了带着轻松愉快的心情投入工作。在我看来，因为农田恢复了阴阳平衡，所以我内心调节平衡的机制也开始正常运作了。听说有人在实行自然耕种法的农田里待上一阵，连身上的病痛都消失了，也许这也是阴阳平衡在起作用。

关于肥料和阴阳平衡的话题，请允许我再多说几句。

大多数农家认为，在田里多施肥料，收成就会随之增加。如果想要采收更多的庄稼，那就得花大价钱购买更多的肥料，买来后就开始拼命施肥。在短期内，收成实现了惊人增长，到了第二年，为了复刻成功，又再度大面积施肥。

长此以往，会产生什么样的后果呢？如前文中所描述的那样，在农田里施肥后，地表下层的厌氧菌为了守护作物筑起了硬盘层，导致农作物的根部没法往更深处生长。结果适得其反，原本想要扩大战果的农家最终无法获得令人满意的收成。

不仅如此，小虫子为了给农作物解毒，纷纷聚过来把各种蔬菜咬得乱七八糟，这让农家头痛不已，于是又开始动用农药把虫子赶尽杀绝。虫子倒是暂时不见了踪影，可是微生物也跟着遭殃，土质进一步恶化。接着病原菌又来“添乱”，农作物成批腐坏。农家又转而用杀菌剂来对付病原菌。照这么下去，真是没完没了了。人与丰收的距离越来越远，在困境中也越陷越深，可即便如此，农药和肥料的神话依旧在业界屹立不倒，而农民也只会越来越依赖这些化学制品。

我认为，对于这个问题应该进行逆向思考，当某件事进行得不顺利时，应该想一想是不是有什么地方做过头了。

打个比方，当身体觉得不舒服时，一般都没什么胃口，可因为担心什么也不吃体力支撑不住，所以会强迫自己吃点东西。这么一来，身体反而会变得更难受。其实在这个时候不应该勉强自己进食。

食欲下降可能是身体在这段时间暂停摄入营养、从而恢复阴阳平衡状态的一种方法。如果感到不适，没有胃口，那就什么也别吃，很多时候身体会自然而然地恢复常态。

有人通过断食来调理身体。我们总认为吃饭能让人精力充沛，可是如果吃得太多就会破坏体内的平衡状态，进而生起病来，这种情况并不少见，而暂缓进食则有助于恢复健康。在去医院看病前，可以先试着减少食量，有可能不知不觉中病就好了，我认为这同样和阴阳平衡有关。

小学或中学老师肯定都教过植物生长需要三大营养元素：氮、磷、钾。

由于磷和钾跟土壤颗粒黏着在一起，所以会长时间残留在土壤中。氮元素会随水分流失，所以在土壤里没法留存。换言之，大多数农田都缺少氮，为了补充氮，农家就会添加氮肥。然而这种做法会使土壤逐渐转为阴性，由此破坏了原有的平衡状态。

关键就在于调和阴阳。在土壤缺氮的问题上，我认为不应该采用氮不足就添加氮肥的方法，而是应该从破坏土壤营养物质平衡的根本原因入手，去除多余的磷和钾。不过，该怎么去除这两种营养物质呢？一时半会我也想不出好办法来。当问题变得无解时，最好借助丰收的力量，也就是运用植物的力量来解决难题。

我在田里种下麦子，因为麦子可以帮我吸收土壤里的磷和钾。在麦子生长过程中，磷和钾的含量相应减少，农田重返阴阳平衡状态。可问题又来了，由于营养成分不断减少，土壤变得越来越贫瘠，照这么下去，都没法种庄稼了。

这时候还得靠丰收来帮忙。尽管土壤里缺少养分，不过因为农田已经恢复了平衡状态，所以丰收更容易施展力量。如果将农田闲置一段时间，大自然的自愈力就会发挥功效，土壤应该能恢复到原先的健康状态。果不其然，没过多久，田里就长出了不同种类的野草，它们分工明确，增加了土壤中氮、磷、钾的相对含量，让原先贫瘠的土地恢复至阴阳调和的沃土。

大豆是调节土壤阴阳平衡的一把好手。这种神奇的农作物可以从空气中吸收氮，然后再把氮释放到土壤中。我建议在缺失养分的农田里多种些大豆，它可以促进土壤多吸收氮，在改善土质这件事上绝对可以大显身手。大豆对于调理营养失调的土地非常有益，在田里种上几年大豆后，你会发现它们不再结出果实，这便是土地已恢复健康的征兆。这时，再种上其他农作物，它们一定能长成优质、美味的蔬菜。请大家一定要亲自尝试一下。

五大原则之五 —— 确保循环连续不断

终于讲到了五大原则中的最后一条——确保循环连续不断。我始终认为循环是大自然中最重要的定律。地球一边自转，一边绕着太阳公转；植物的种子发芽、开花、结果，果实中的种子落入泥土，再度发芽。

白昼与黑夜循环往复，春夏秋冬四季更替；雨水浸湿大地，阳光蒸发水分形成云，而后云又变成雨水落向大地。大自然就这样持续不断地进行着循环。

我曾经产生过这样的疑问："为什么大自然要一而再，再而三地做同一件事呢？"

有一天，我的目光落在了屋里装饰用的日历上。我家是做玻璃窗窗框加工的，小时候家里也不知从哪儿拿来那么多日历和时钟，屋子里随处可见这两样东西，当时，我曾一边盯着日历一边想："从星期一、星期二一直到星期天，然后再按照同样的顺序重复一遍，这究竟有何意义呢？"童年的那一幕在脑海中闪过，我突然间豁然开朗，这并不只是简单的重复。

虽然星期一到星期天一直在循环，但每个星期都是独一无二的。同样地，今年的四季和明年的春夏秋冬也截然不同。这个道理不言自明，不过我想说的是，其背后是不是隐含着"循环"一词更为深刻的意义呢？换句话说，所谓循环，并不是转了一圈后又回到最初的起点，而是呈螺旋状上升，然后一直处于不断地发展过程中。

那么，什么是螺旋呢？

如果有了疑问却没有找到答案，我心里就会像揣着一桩心事一样坐立不安，不仅心情会受影响，就连干活的时候手脚也没那么利索了。我拿出一张纸，在上面画了一个弹簧模样的图案。如果自然万物都像眼前这个图案一样不断地盘旋变化……我注视着它，不停地观察，而后恍然大悟。原来有各种不同的力在共同作用，正是通过它们的运动这才创造出了螺旋状的循环。

朝外延展的扩张力，朝内牵引的向心力，往上攀爬的上升力，还有往下沉落的下坠力，所有这些力量完美地结合在一起，互相作用，最后形成了螺旋。

太好了，疑问已经解开了一半，不过另一半未解之谜依然让我耿耿于怀。肯定有线索，我继续思考着。这一次又是灵光乍现：另一半答案难道是阴阳平衡吗？

向外延展和向上攀爬的力属阴，向心力和下坠力属阳。正因为它们相互作用时力度、方向都刚刚好，达成了完美平衡，所以才会形成螺旋。换而言之，会不会是为了达到平衡，属阴和属阳的力一直处于连续不断的运动状态，最终才得以呈现出螺旋状的发展形态？所谓螺旋，其实就是生命的本源。

在大自然中，螺旋现象、螺旋状的生命体随处可见，像洋流、星云、龙卷风、海螺，其DNA都是螺旋状的。

在农田里也能看到螺旋。白萝卜是一种很有意思的农作物，大家知道它会旋转吗？白萝卜会朝着太阳的运动方向一边旋转一边生长。随便挑选一片白萝卜的叶子，在其位置做个标记，两三天后再观察，会发现叶子已经偏离了之前标记的位置。白萝卜一边不断旋转，一边往下扎根。大家可以仔细观察一下刚从地里挖出来或直接从超市买回来的白萝卜，其表面都会有一个个小凹洞，这些小洞也是螺旋状的。对务农的朋友们来说，在农田里寻找大大小小的螺旋，说不定也能成为一种别有趣味的消遣。

螺旋是循环的表现形态。螺旋状运动的循环代表着阴阳平衡，一切正处于完满、稳定的状态。

“感恩农法”的基本理念就是尽一切可能遵守循环的发展规律，竭尽全力培育富有生命力的农作物。

吸收过程和释放过程

确保循环不断是非常重要的。然而，不知从何时起，人类开始出手干预，中断了大自然的循环。为什么会这样？中断循环就能刺激消费。人们的生活方式悄然改变，将用过的东西随意丢弃，没有了就再买新的，而不是进行循环再利用。

一旦产生消费需求，就会出现各种各样的生意、买卖。人们无视大自然的循环规律，开始进行大规模的生产。经济体系的规模不断增长，世界陷入了大量生产商品、大量消耗能源、大量消费物品、同时又大量丢弃物品的恶性循环。在那些把钱看得比命还重要的人眼里，这就是一个便利快捷的美好新世界。

然而，创造这种美好新世界是要付出惨重代价的——环境被污染，自然资源日益枯竭。在我看来，如果人类能顺应大自然的循环规律，安分守己地生活，有些灾害本是可以避免的。比如，倘若我们的社会遵循自然法则运作，那么像福岛核电站核泄漏事故就不会发生。然而，只要能赚钱、能产生经济效益，人们往往会选择忽视其中潜藏的问题。

我们有必要严肃认真地探究自然循环这一课题，如果放任不管，难以想象之后还会发生什么可怕的灾难。

那要怎么做才能让循环不间断地持续下去呢？我认为每个人都应该从自己做起，先让自己的生活方式符合大自然的循环规律。关于这一点，我有以下设想：

我以前练习过器械体操。日本曾经在里约奥运会的体操项目上拿到过金牌，所以很多人对这项运动都不陌生。男子竞技体操分为自由体操、鞍马、吊环、跳马、双杠和单杠六个项目。在思考螺旋、循环问题的时候，我曾联想到单杠，它是其中最受大众喜爱的一项运动。当年为了练好单杠，我双手都磨出了老茧，训练过程中也时常会从杠上掉下来，所以为了避免掉杠摔伤，我做了大量针对性的练习。

想必大家都知道，在单杠项目中有一个技术动作叫作“大回环”，即以单杠为轴，身体或是前倾或是后仰完成旋转。这是单杠的基本动作，其要领在于：首先双臂支撑身体在杆上保持倒立姿态，这一步是关键，然后向下甩腿，利用身体下降时的势能加速，在惯性的作用下，双腿上摆，带动身体回到之前的倒立姿势，继而重复刚才的步骤。如果能很好地完成回旋动作，只要手不离杆，就能不停地转下去，也就是说，就能实现不间断地循环。

倒立到向下甩腿的整段过程被我称为“吸收过程”，向上摆腿到返回倒立这几个步骤被我称为“释放过程”，“吸收过程”需要吸收能量，而“释放过程”则会释放能量。

在今天的消费型社会中，从释放过程中释出的能量要远远大于吸收过程中所吸收的能量，这就导致大自然的“大回环”后继无力，难以持续转动。

人类制造产品属于释放过程，而大自然创造资源则属于吸收过程，只有当二者达到平衡状态，循环才能持续。我认为对于自然资源决不能予取予求，对于生产与消费也应该加以控制。

同样地，农民在农田里收割庄稼属于释放过程，既然能量被释放了，接下来就必须进行补充。从前的农家或是担心土壤失去养分，或是为了来年能有更好的收成，于是在田里使用大量肥料。这就好比运动员在单杠上做“大回环”，从下往上回到倒立姿势，正在勉力保持姿态、调整呼吸，准备进入之后的吸收过程，就在这个时候，只听边上有人大喊一声“怎么回事，他怎么停下来了”，然后在运动员背后猛推了一把。大家想想接下来会发生什么？整套动作被完全打乱的运动员会瞬间失去平衡，甚至可能从器械上摔下来受重伤。

大自然就是在吸收能量、释放能量的过程中不断运作着，世间万物也是在这一过程中获得了生命力。相信大自然所赋予的生命力，不要妄自插手干预，只有这样，我们才有可能创造一个让大自然生生不息、循环不止的生态环境。

观察分针后的感悟

和世间万物一样，人类也是大自然的一部分，也在大自然的循环中繁衍生息，若是离开大自然，那是绝无可能存活的。

我们时刻都在体验某种循环。那到底是何种循环呢？没错，就是呼吸。吐气、吸气、吐气、吸气，无论熟睡还是清醒，我们每分每秒都处于呼吸的循环中。如果只吐气不吸气，或是反过来，只吸气不吐气，那肯定没法活命。这就是人类与大自然同生共息的证据。

人类的情感同样有吸收过程和释放过程。

当我们没有烦恼、心安神定的时候，就是在吸收能量，而一旦有了烦心事，感到焦虑不安时，我们就会释放能量。

很多人都觉得要是生活中没有烦恼那该多好，可若是没有这些负面情绪，我们也就无从感知何为心满意足了。正面与负面从来都是相对而言的，正是因为有了负面，正面才得以存在，反之亦然，两者缺一不可。

但如果一个人一直都处于焦灼不安的状态，或者总是心事重重，那么能量就会被消耗殆尽，人也就没了精气神。所以，我们每天都要笑对生活，学会对世间万物心怀感激，学会气定神闲地面对一切，这样就能提升能量，即便之后偶尔心烦意乱，也能轻松消解。

前文中我曾提到自己重复了36万遍“感恩”一事，那时候的我就像充满了电，浑身有使不完的劲。在痛失骨肉后，我曾一度像丢了魂似的，全身能量尽失，不曾想在说了36万遍感谢后，身体中原本已经枯竭的能量之泉居然喷涌而出，也正因如此，我才有足够的精力和体力去农田里观察，进而悟出了许多道理。

就像练习“大回环”这个技术动作一样，无论做什么事情，如果先从吸收能量开始，过程就会比较顺利。

经营公司、做生意也是一样的道理，当初抱着什么样的心态开始创业，对于之后的发展会产生截然不同的影响。事业起步时总是忧心忡忡，或是只顾着牟取私利，这些都是在释放能量。创业伊始就已经在消耗能量，可想而知，大回环是很难转起来的。为了强行转动大回环，被迫到处借钱，或者索性重起炉灶，这就像在农田里施肥一样，破坏了平衡机制，导致循环无法持续下去。

为了能让周围的人获得幸福，或是立志为社会做出贡献，这样的初衷能让事业进入吸收过程。一旦开始吸收能量，就能借着这股力量带动大回环。进入释放阶段后，会遇到一段比较艰苦难熬的时期，不过因为马上就会迎来吸收过程，所以很快又会变得相对轻松。就这样，在大回环一次又一次的转动中，公司会逐渐步入正轨。

之前我曾提到过，在我老家的屋子里到处都能看到时钟和日历。小时候，我专门负责给时钟换电池，除此之外，一个月过完后，把日历翻到下一页也是我的活。

不知道大家有没有留意过，时钟电池没电后，分针一定会停在 8 或 9 的位置，无论如何都过不了 10。

其中的原因也很简单。分针在从 6 爬升到 12 的过程中需要消耗能量，而在从 12 下降到 6 的过程中则不需要。当电池电量几乎耗尽时，能量自然也所剩无几，因此在分针从 6 往上攀爬的过程中，会将所剩无几的能量耗尽，故而顶多走到 8 或 9 的位置就会停下来。这是我给时钟换了好几年电池后得出的经验之谈。

可见分针的运动同样也包含了吸收过程和释放过程。那到底是先从吸收储存能量开始，还是先从消耗释放能量开始？这就好比分针是先从 6 开始往上爬还是先从 12 开始往下降？不一样的开始将对之后的发展产生巨大影响。

我在做任何事情之前都会想到分针，然后认真考虑自己先从 12 开始还是以 6 为起点。

如果想的是“开始吧，完全没问题！”，那就从12开始，放手去做便是。

可若是有惴惴不安的感觉——“唉，有点不好办啊！”，那就说明此刻分针正处在6的位置。这时，我就会稍微等一下。

只要循环能继续，那所有事情就会顺顺当当地进行下去。请大家一定要掌握循环法则，将其融入你的工作和生活。

一切都源于能量在流动

循环是大自然的定律，只要在吸收能量和释放能量的过程中取得平衡，就能产生循环。之前我也提到过人类一旦擅自干预，就会破坏这种平衡状态。幸运的是，大自然设定了容错范围。

只要在平衡状态尚未被破坏的容错范围内，人类就有机会想办法将释放过程转化为吸收过程。这是只有人类才拥有的智慧。

无论是地上跑的还是水里游的，动物在被杀死的瞬间就会开始释放能量，进而腐烂。为了阻止腐烂进程，人类找到了两种方法。

一种是冷冻保存。得益于日益先进的冷冻技术，人们可以享用到从遥远海域捕获的鲜美鱼肉。

另一种方法是用火。人类独有的聪明才智让他们想到了用火来烹饪食物，在烹饪过程中，食材重新吸收了能量。

借助空气的燃烧，火得以产生（利用空气中的氧气，某物燃烧从而产生火焰），而空气本身就是丰收，于是在用火烹煮的过程中，食材就能吸收丰收的能量，同时也能吸收烧菜做饭的人身上所释放的能量。一边是用心烹饪，另一边是嫌麻烦敷衍了事，所以即便选用相同的食材，最终成品所包含的能量也是天差地别。

除此之外，还有一种方法可以中断释放过程，进而将其转化为吸收过程，那就是压力。泡菜便是通过石头的重压腌制而成的。全自动家电因为不需要用火，没法让食材吸收火的能量，所以可以使用电压锅来烹饪食物，从而启动能量的吸收过程。

人们常说压力不利于身体健康，其实适度的压力或紧张感能够帮助人们提升自身的能量。

泡菜是通过发酵开始吸收能量的。味噌、泡菜、芝士还有酸奶都能保存很久，其原因就在于发酵开启了吸收过程。

还有像日晒、烟熏等自古流传至今的食物料理方法，其本质都是将释放能量的过程转化成吸收能量的过程。

无论是烹饪食物还是养育子女，都属于某种循环。只要记住这一点，基本上就不会犯大错。

这就是大地教给我的五大原则。希望能有更多的人知道它们，并在日常生活中付诸实践，正是基于这一想法，我举办了名为“大地学校”的讲演活动。

衷心祈愿大家能在轻松愉快的生活中获得快乐。每个人的一生都可以过得很充实、很精彩。我相信，这也是大地的心愿。

第四章

全靠众多伙伴鼎力相助

感谢我的妻子和孩子们

心爱的儿子永远地离开了我们，妻子身染重病，性命朝不保夕，农场由于经营不善濒临破产，即便面对诸多变故，我依然能笑着面对生活。我想这全都得益于我掌握了前文所述的五大原则。同时，也正是因为我对五大原则深信不疑，农场才得以成功推行不使用农药和肥料的自然耕种法，进而吸引越来越多的客户来我家订购蔬菜。

五大原则为我指明了方向，让我明白了应该如何看待世间万物，同时对于自己究竟该做什么，也有了清晰明确的认知。恳请各位读者朋友一定要好好运用这五大原则。

话说这些原则并不是我创造发明的，而是大自然、田里的农作物，还有我的儿子大地，通过各种现象传授给我的。同时，也因为有了身边许许多多人的帮助和支持，五大原则才得以付诸实践，并且与我的身心融为一体。

人们常说，人是没法脱离群体而生存的。通过人与人之间的彼此扶持、互帮互助，生活才得以继续下去。能量也不是靠你争我抢，而是通过互相给予、互相成全，才能共同提升的。

日常生活中经常会听到“缘分”一词。因为缘分，人们聚到一起，并在相处共事的过程中实现各自的成长，也许这就是整个世界的运作方式吧。自从大地离世后，与我结缘的人人数之多几乎让我难以置信。他们通过不同的方式向我们伸出援手，让“感恩农法”的诞生成为可能。

在我看来，这一切都是大地的安排，他在我们看不到的地方不停地穿针引线，为我们促成了一段又一段的缘分。

“去农场试试看吧。”

“请帮帮我的老爸老妈。”

我常常想，大地是不是就像这样一直在拜托大家呢。因为听到耳边传来的请求声，许多人不顾路途遥远来到洞爷，我心里的感激之情真是无以言表。虽然是第一次见面，可彼此却一见如故，推杯换盏，聊到深夜，其中和几位新交聊到深处忍不住落下眼泪。他们一定都是大地为我挑选的贵人。

在本章中，我想介绍几位给予农场帮助支持的伙伴，少了其中任何一位，我的人生道路都不可能坚持走到现在。对于他们，再怎么感谢都不为过。

先从哪一位开始介绍呢？落笔时我犹豫不决。

想来想去，还是觉得应该从我的妻子开始。如果我不曾和纱由美相遇，那也就没有后来务农这一说了。我出生在一个与农业完全不沾边的家庭，直到二十五六岁时在工作中遇到瓶颈之前，从来没有动过当农民的念头。

在人生迎来重大转折的档口，我开始和大型农场的女继承人交往，现在想来绝非偶然。我真心认为这是为了让我踏上务农之路，神明特地指派纱由美来到了我的身边。

我是到了洞爷后才和纱由美成婚的。回洞爷前，她在全国知名的连锁家居建材超市担任室内装潢设计师一职，当时公司正处于扩大规模的上升期，所有员工都充满了干劲和活力，工作本身也很有意思，所以虽然身为洞爷农场的继承人，纱由美在是否回洞爷一事上举棋不定也是可以理解的。

而我正好相反，在俱乐部当游泳教练的过程中，我逐渐淡忘了想让孩子们体验运动趣味的梦想，脑子里光想着如何让小朋友提速，如何让秒表上的数字一再变小，不知不觉中变成了一个不近人情的魔鬼教练。

“这不是我想做的事。”

有一段时间，我每天都能听到从心底深处发出的反抗声。

一天，我手里握着秒表，茫然地望着泳池里拼命往前游的孩子，脑袋里一片空白。等回过神来，我把秒表扔到一边，跳进水里，把孩子们召集到身旁。

“今天的训练到此结束，现在开始，大家放开了玩吧！”

听我这么说，孩子们起先还有点不知所措，不过很快他们就像炸开了锅似的在泳池里你追我赶地玩了起来。从那天起，我就放任孩子们自由玩耍，但这种做法的后果就是他们的成绩退步了，我想，我的教练生涯也差不多走到了终点。

那段时间我心情低落，于是正好趁着去纱由美老家的机会散散心。在洞爷，我体验到了一种非常奇妙的感觉，周身仿佛被某种温暖的氛围团团包裹着。

“把这个带上。”

走的时候准岳父从田里拔了些芹菜让我带回去。城市超市里卖的芹菜都是采摘了好几天后才上架的，而准岳父的这把芹菜却新鲜得不得了，回家一尝，果真特别美味爽口，当时就想，没有比这更安泰丰裕的生活了吧。

“我想去洞爷当农民。”

跟纱由美说了这一想法后，她一脸惊讶地看着我。当时她内心肯定也很矛盾。室内装潢设计师的工作充满乐趣，她应该已经做好了违背父母意愿、放弃继承农场的准备。

即便如此，她还是决定尊重我的意愿，当听到她掷地有声地说出那句“那我们就一起干吧！”时我开心极了，心里重新燃起了大干一场的斗志。

来到洞爷后，就像前文所描述的那样，苦难纷至沓来。在那段饱受折磨的岁月里，所幸有纱由美和孩子们陪伴左右，我才能熬过所有艰辛，一直走到今天。纱由美想尽办法让我能和岳父母和睦相处，在我走投无路、跟她商量“要不我们离开这里”时，她依然以我为重，说“如果阿贵想走，那我们就一起走”。

之前我曾提到过，在说完36万遍感谢后，我心想家里人肯定会因此发生转变，现在回想起来，这种想法是多么自以为是啊。必须做出改变的并不是家人，而是我自己。对着他们就算说上 36 万遍谢谢也远远不够，因为无比依赖他们的人是我，给他们添了数不清麻烦的人也是我。

在我改变了自己后，周围的一切也随之而变。你无法改变他人，但是你可以改变自己。当你改变了自己后，身边的人和事也会随之发生变化。

今后，我还是会依靠纱由美和孩子们的帮助继续生活下去，而且我多少有了一些长进，说不定已经能从接受帮助的那一方稍稍转向提供帮助的那一方了。

问题都出在自己身上

即便是现在，我也不认为农药和肥料是坏家伙，日本在战后之所以能解决粮食不足的难题，很大程度上要归功于农药肥料方面的技术发展，因此我对它们心怀感激。

而且也多亏了许多农家一直遵循传统的耕种方法，我们才能随时随地买到食物。

感谢我们的前辈，感谢农药和肥料，因为他们，日本的粮食产量才得以提高，我们才能来到这个世界。现在，希望接过生命接力棒的我们能继续前行，不断进步，不断成长。

而且实话实说，如果没有岳父母，“感恩农法”也不可能诞生。

农场的第一代农场主以种植豆类为主，第二代主人为了以少胜多开始养牛、养蜂。我之前的第三代主人，也就是纱由美的父亲曾前往美国留学，系统学习种植蔬菜的技能，之后成为在洞爷地区率先种植生菜的第一人。岳父一辈子兢兢业业，从不懈怠，在当地深受民众信赖，之前还曾被推选为镇议会议员。

前主人如此能干，肯定不放心把农场托付给一个像我这样的人。当时，他必定是抱着就算破釜沉舟，也要让大女婿独当一面的决心开始栽培我的。

至于岳母，她有四个女儿，而我又是她的第一个女婿，所以她肯定也觉得我身上有很多令人难以理解的地方。

每个人的成长经历不同，思考方式、价值观也自然不同。上一辈人提出的观点明明在情在理，我却固执地认为他们说得不对，只有自己的想法才正确。事实上，这个世界上既没有绝对的正确，也不存在 100% 的错误。正如之前提到过的阴与阳，北海道属于阴性，可它也有艳阳高照的夏季。和一年到头冰天雪地的西伯利亚相比，北海道甚至可以说是阳性的。可见，世界上没有绝对的阴，也没有绝对的阳。

以前，我总是以非黑即白来评判世界，可后来我开始意识到，这种为人处世的方式不仅会伤害自己，也会伤害对方。我陷入抑郁状态究竟是谁的错呢？一开始，我认定是身边的人有问题，可经过细致深入的思考，我发现一切都是我自己造成的。

2009 年，岳父把农场全权交给了萎靡不振的我。虽说直到今天我内心依然惴惴不安，但现在想来，岳父之前交代我做的桩桩件件都是实现“感恩农法”的助力。我对他充满了感激之情。

在我自己的老家，父母经营着铝制品和玻璃窗窗框的制造工厂，他们从来不会指手画脚地让我干这个、做那个，而是更加重视培养我独立自主的能力。

我有个比我年长 3 岁的哥哥，20 岁那年他还在专科学校读书，有一天我爸爸突然对他说：“我们已经把你养到 20 岁了，接下来就得靠你自己了。”

“搞什么啊！”因为毫无心理准备，哥哥又惊又气，但因为爸爸向来说一不二，所以哥哥别无他法，只好用他心爱的摩托车驮着全副家当离开了家，轮流在几个朋友家借宿。后来，他用打工攒的钱租了间房。当然了，家里并不是就此撒手不管了，哥哥专科学校的学费还是由爸爸负担，同时他还为哥哥做了租房担保人。

三年之后就轮到我了。有了哥哥的先例，所以我早早地买了辆小汽车，随时准备着被赶出来。果然一到 20 岁，爸爸就发话说：“你也可以搬出去了。”在找到房子前的一个星期，我都睡在小汽车里，现在回想起来不失为一段值得回味的经历。我上大学的学费，同样是父母帮忙支付的。

经常听到别人对我说：“你妈妈肯定很担心吧。”其实到儿子的住处转一转，看看住的地方是不是还过得去，也不是什么大不了的事，可我妈也很厉害，一副满不在乎的样子，连一次也没来过。

我妈经常对我这么说："有什么好担心的，我相信我儿子可以的。"

当初跟他们说我要来洞爷务农时，爸妈也没有多说什么。然而这并不表示他们漠不关心，我能感觉到他们一直都很尊重我的想法，一直支持我放手去做我想做的事。他们对我的信任转化成了我的自信。正因 20 岁被踢出家门，我才具备了一切靠自己、凡事自己拿主意的底气。

洞爷的岳父母和老家的双亲在方方面面都给了我历练的机会，让我明白自己的事情要自己负责。同时他们也教会了我另一个道理：离开了他人的帮助和支持，人是没法独立生存的。我从心底感谢他们。

洋介社长说："我要买的是贵仁兄的理想"

对于务农这件事我感到非常自豪。虽说不是一份光鲜亮丽的工作，但没有哪种职业能和生命发生如此密切的关联了。

我能保有这份引以为豪的工作，全都仰赖农场的员工、前来订购的蔬菜店和餐厅，以及去蔬菜店买菜、去餐厅用餐的顾客。他们就像一个团队，给农场提供了源源不断的支持，他们中的每一位都是农场不可或缺的伙伴。

8 月 5 日是大地的生日，每年的这一天，我们都会举办名为“大地畅游会”的大型活动。众人欢聚一堂，把整个团队凝聚在一起。许多参加聚会的人都有一种感觉：这一切都是大地精心策划、安排好的。

在参加畅游会的伙伴中有一个人每年都不会缺席，他就是打响汤咖喱品牌料理的洋介社长。正是托他的福，“感恩蔬菜”才能为更多人所知，可以说他是我们农场的大恩人。

奥芝商店的汤咖喱驰名全国，不仅在北海道的札幌、函馆、旭川都有连锁店，甚至在东京的八王子也开设了分店。无论在哪家店门口，都能看到慕名前来的顾客排成长队。但在我刚认识洋介社长那会儿，他的第一家店才刚开业不久，所以还在探寻摸索之后的发展方向。

就是在那段时间，洋介社长开着他的小货车踏上了寻找食材之旅。他后来笑着告诉我：“美其名曰寻找食材，其实就是想暂时抛开一切，往哪里躲一躲。”我自己也经受过太多的困苦磨难，所以知道他这句话既是玩笑也是真心话。

没想到，洋介社长的逃避之旅，无论对他还是对我，都成了一次重大的转机。前文中我曾描述过在刚见面的那个晚上我们流着泪开怀畅谈的情景。虽然两人都在坎坷跌宕中艰难前行，但正因他对汤咖喱怀有一颗滚烫火热的心，以及我对自然耕种农业抱有的满腔赤诚，才使得萍水相逢的两个人在初次相遇时就会一边流泪一边紧握对方的手互相鼓励、拼命打气。

两位一把年纪的大叔互握双手、哭得一脸狼狈的画面实在有碍观瞻，然而只要回想起当时那一幕，我依然会觉得热血沸腾。

“我不知道贵仁兄现在做的事情前景是好是坏，也不知道跟别家有什么不同，我要买的不是你的卷心菜，而是贵仁兄你的理想。”

社长这句话直到今天仍然深深地烙印在我的脑海里。任谁处在我当时的境况下，恐怕都会情不自禁地掉下眼泪吧。

洋介社长决定购买我们农场的蔬菜后，谈话便进入了商讨价格的阶段。

“怎么卖？”社长问道。

“每公斤 60 日元你看行不行？”

我忐忑地报了个价。看到社长一脸生气的表情，我立马后悔了，心想：“完了，价开高了。”要知道蔬菜加工厂的定价都在每公斤 30 日元左右，我一下子翻了一番，确实有点狮子大开口了。后来我才发现，是我会错了意。

“不行的话，那就再便宜点。”话一出口，社长的脸拉得更长了。

“贵仁兄的理想原来就值这么点钱？你可想好了，你说多少就是多少。”

太让人意外了。

“那就 65 日元吧。”

“65 日元真的可以吗？我买的可是贵仁兄的理想哦！”

“80 日元。”

当时我们就这样一来一往地不断“抬价”。直到最近我才意识到，他关心的压根就不是价高价低的问题，而是真心实意地想要支持我的理想。实在太暖心了。身边有这样一个可以完全信赖的朋友，真是我的福气。

后来也是他一个劲地追问我“为什么这里的蔬菜这么好吃，肯定有秘诀，快点告诉我吧”，让我烦不胜烦。不过，也正是因为这份执着，他才能做出堪称一绝的汤咖喱，才能把事业做大做强。

再后来，当得知美味蔬菜的秘诀在于“感恩”二字时，他恍然大悟，连呼“原来如此”，回去后逢人就说，我们家的蔬菜也因此渐渐打开了销路，而大家随口这么一叫的“感恩蔬菜”也成了我们农场的品牌，被越来越多的人知晓。

发现打动人心的美好事物后不止步于自我满足，而是想要分享给周围更多的人，这或许就是洋介社长的经营哲学。他最了不起的地方就在于重视买卖双方互利互惠、共同发展。他对我说，这才是今后人人都应该秉持的经商态度。我从他身上学到了很多、很多。

洋介社长如同信息发源地，“感恩蔬菜”从他那儿传遍了整个札幌市，而后又从东京扩散到了东海、关西地区，与“感恩蔬菜”结缘的朋友越来越多。最近，大家一起创立了“感恩同好会”，除奥芝商店外，我们的会员还有集服装、饮食、设计、室内装饰于一身的First Flash生活馆，意大利餐厅“Orizzonte”，产地直供美食酒馆“幸”，活食·隐秘酒窖餐厅“浮桥”，位于东京的顶点餐饮股份有限公司，绝好调顶点餐饮集团，位于爱知县的意大利餐厅“Quinci”和“COHAL la terrazza星之丘”，“FASTA一箸”餐饮集团、EJFS（Eat Joy Food Service）餐饮集团道南农林水产部，以及位于兵库县的“珍馔酒馆Waku Waku本铺”。

大地在音乐剧和电影里重获新生

音乐剧《大地》的上演让更多的人知道了农场和感恩蔬菜。创作人牧里香不仅能填词作曲，同时还是一位优秀的音乐剧编剧。她在舞台上呈现了一部感人至深的作品，生动展现了“感恩农法”从无到有的过程。

“太不可思议了！”

当我们第一次看完音乐剧后，我和纱由美都惊呆了。许多从未和外人说过的事情竟然成了剧中的情节。我们一边看，一边忍不住轻呼：“怎么可能？就是这样的，确实发生过这样的事！”

纱由美实在太过震撼，情急之下竟然脱口而出：“天哪，是大地回来了！”话一出口，泪水跟着夺眶而出，止不住地往下掉。

要说剧中有哪些情节让我们觉得不可思议，我觉得每一处安排都是神来之笔。比如，在开场没多久，大地就离开了我们，之后便以灵魂的方式守护着我们，每当我们陷入困境、烦恼忧愁的时候，他都会陪伴左右，引导我们走出迷途。在现实生活中，我们也确实感受到大地就在身边，以及他的良苦用心。

更让人惊讶的是，剧中大地去世后其灵魂变成了大人的模样，而纱由美也经常会梦到已经长大成人的大地。这些事我们从来都没有和牧里香提起过，她是不是亲眼看到了一直守护在我们身旁的大地，还有深藏在我们内心的祈盼？

“只有我才知道的事竟然变成了剧中的歌词，大地从身后抱住妈妈的那一幕，就是我一直以来的真切感受啊！”

纱由美已经震惊得说不出话来。剧中的台词和画面生动再现了她内心深处的所思所念。

最让人惊诧的事还在后面。当音乐剧落幕，我们流着泪，恍恍惚惚地坐在座位上，这时，扮演大地的男演员朝我们走过来，轻轻抱住了纱由美，唤了一声“妈妈”。那是大地啊！我们的大地借着他的身体回来看我们了！千真万确，那句“妈妈”就是大地的声音！纱由美放声大哭，我也百感交集，忍不住泪水长流。纱由美说，能被大地再一次拥抱，这辈子再也没有遗憾了。

牧里香究竟是如何创作出这样的剧本的？她本人也说，感觉自己是在某种指引下完成了创作。果然，这一切都是大地冥冥之中的安排啊。

就在音乐剧上演的那段日子里，有人说想把我们的故事拍成电影，拍摄首日定在了 2014 年的 8 月 5 日，那天恰好是第一次举办“大地畅游会”的日子。

8 月 5 日是大地的生日，我们借此机会邀请了有缘相识的朋友一同欢庆。没想到好端端的纪念日居然下起了大雨，本想取消活动，可一切都已准备妥当，再加上大伙都说搬到室内也一样，所以最后一致决定活动照常进行。那次的“大地畅游会”取得了意想不到的成功，每个人都投入其中，玩得酣畅尽兴。

翌日，电影正式开拍，到第二年的 8 月 5 日全部杀青。同月 22 日，这部由纪录片电影剧作家岩崎靖子执导的电影——《大地花开》——正式上映。全国各地都举办了首映会，我们也受邀前去和观众朋友见面、交谈。我本来就是个话痨，有这样的机会自然欣然前往。

这部电影同样源于机缘巧合。2013 年 6 月，纱由美去札幌参加西田文郎（北海道西田塾创办人）的讲座。西田先生是心理技能训练方面的大师。在讲座的自我挑战环节，纱由美提案“要在洞爷举办同窗会”，而西田先生却语出惊人：“你要办的不是同窗会，而是在农场举办一次盛大的活动，吸引万人参与。”纱由美哪里见过那么大的阵仗，一时没有答应。不过在西田先生“要借助众人力量”的鼓励下，纱由美被说动了，决定照老师说的大干一场。这份决心为农场打开了一扇窗，让我们接触到了更多的人。我们从心底感谢西田先生。

那段时间，西田先生经常在演讲中提起四岁离世的大地，以及农场推行的以珍视一切生命为核心理念的农耕方式。据说在场的人们听后群情高涨，纷纷表示要去参加万人集会，而谁也不会想到，剧作家牧里香女士也是其中一员。

纱由美原本很抗拒对别人说起大地的事，可西田先生却对她说：“一定要让大家知道大地的故事。”

之后，我又向西田塾的学员高井洋子社长讨教经营管理方面的问题。有一次我拿着财务报表跑到她府上，顾不上寒暄，一照面就拜托她：“要是哪里做错了麻烦您告诉我一下。”现在回想起来实在太过鲁莽。然而洋子社长毫不见怪，耐心地教我应该如何核对、厘清数据。直到今天，她仍然在鞭策、鼓励着我。

在声援纱由美举办万人集会的听众中，还有一位名叫小山吉美的女士。她是大阪人，那次却特地跑到札幌来听讲座，想来也是不可思议，其实西田先生在东京、名古屋都设有专场，她没有必要专程到札幌来。或许，这也是一种没法解释的缘分吧。我总是忍不住想，这是否也是来自大地的召唤呢？

自从决定举办万人集会后，小山小姐到洞爷来了好几趟。最后，万人集会的梦想终于实现了。

缘来是你——注定相遇的人

有一个人从小山小姐那里听说了农场。

“在北海道的洞爷有一个农场，他们非常重视自然环境与人之间的关系，最近那里正准备举办一场万人参加的大型活动。”

那人正是岩崎导演。这句话似乎给了她某种灵感，于是 8 月 5 日那天她也前来参加聚会，

或许是因为活动现场带给了她别样的体验，从那一天开始，她正式启动了拍摄计划。

其实，在电影拍摄过程中，岩崎导演本人也经历了一些重大的人生事件，关于这一点我会在后文中说明。

小山小姐是非营利组织日本 LOVE ME 协会的代表理事。

该组织专门面向因为“讨厌自己”“感受不到自己的存在”“没法相信自己”而备受折磨的女性，向她们传递“别再烦恼”“活出更灿烂耀眼的自己”这样积极乐观的信息。小山小姐本人之前好像也经历过自我厌弃、没有自信的阶段，当时不知道如何是好，为此非常痛苦。其实，有类似烦恼的人不在少数。深陷泥淖中的小山小姐在经过无数次挣扎、反思后，得出了这样的结论：

心怀喜悦，感谢所有的相遇。

她开始践行这一体悟。慢慢地，她走出困境，并且找到了

能让自己发挥作用的人生之路。现在，她已经成为一名专业顾问，专门为那些有着同样烦恼的人提供指导意见，告诉他们树立正面积极的自我意象[①]有多么重要。

当小山小姐陷入困境之际，她遇到了意象训练师尾崎里美，从她那里明白了自我意象的重要性，以及每个人都可以活出灿烂闪耀的人生。尾崎老师年轻时曾在海外留学，当时，有位著名的学者曾对她说过这样一句话："里美，咱们的食物能为世界做出贡献，你一定要回去出份力。"尾崎老师一直将这番话铭记于心。

"阿贵，一定要记住'感恩农法'可以拯救世界。"就这样，尾崎老师不断鼓励我，不断支持着"感恩农法"。

和尾崎老师、小山小姐相遇相识，我看到了懂得自我欣赏的人是多么富有个人魅力，同时也明白了帮助他人、为他人贡献一己之力能获得多大的快乐。

岩崎导演也曾背负和小山小姐一样的痛苦，度过了一段晦暗的人生。

她当时是一名办公室文员，最害怕的事情就是当众发言，为此她非常自卑，彼时彼地的她完全不像是一个能主宰自己人生的人。

---

① 指在自我中形成的有关自己的表象或想象，包括对自己的能力、价值、目标和潜能等的评价。——译者注

“那时候我基本上没什么朋友，也非常介意别人对我的看法，我一直告诫自己，绝对不能辜负上司的期待，也绝对不能给后辈留下糟糕的印象，就这样，重重压力之下，我被彻底压垮了。”

有一天，公司培训师的一句话彻底改变了她的人生。很多人因为缺乏自信就裹足不前，其实应该反其道而行之，没有自信、没有干劲、没有勇气又有什么要紧？照样干活，照样做事。谁说非得有了万事俱备的把握才能付诸行动呢？

听了这番话后，她豁然开朗，原来没有自信、自卑怯懦也没什么大不了，接受自己本来的样子也许就是喜欢上自己的开始。

这之后，她辞去工作转行做了一阵子演员，虽然没有拍电影的经验，却开始尝试当导演，这和有没有信心、有没有动力无关，总之，有了想做的事情就放手去做，开始行动才是关键。

由岩崎导演执导、独立制片并已上映的电影有《路在身后》和《日本最幸福的从业员》，两部都是又叫好又叫座的黑马之作。当然了，也请大家多多支持《大地花开》。

就在岩崎导演多次到洞爷拍摄电影的那段时间，她本人也经历了重大的人生转折。

大家肯定想不到，岩崎导演竟然和我们农场的一位员工喜结连理，这事说来话长，以后若是有机会，我再和大家细说始末。但是，人生的机缘就是这么妙不可言，我真心觉得岩崎导演来我们农场拍摄正是为了能和她的真命天子相遇。

对我们而言，还有一位不能不提的大恩人，如果没有他，农场怕是已经成为过去式了。他就是帮我们处理税务的会计师森下浩先生。第一次见面，森下先生就对我们说："我想帮助有困难的农家，要是你们知道谁有这方面的需要，请务必与我联系。"我把这事跟纱由美一说，第二天我们就打电话向森下先生求助："森下先生，请帮帮我们。"

"请您记住一点：经营者肯定会碰到几次难以逾越的难关，可千万不能就此放弃啊。"

森下先生不仅在精神上鼓励我们，甚至还免费帮我们重新拟定了还款计划书。我事后才得知他曾跟身边的人说过这样的话："这些农户过得如此艰辛，却依然笑着面对一切。为了能让他们安心在田里耕种，我们会计师一定要好好努力才是……"

对于森下先生的感激之情真是说也说不完。

农场附近也从不缺好人好事。隔壁农家特别周到，当他们得知我家采用自然耕种法后，每逢自家田里喷洒农药就一定会事先和我们打招呼，而且还会确认风向："你家农田不用农药是吧，请放心，我们一定注意不让农药飘到你们田里。"

这一举动实在让人感动。

人和人之间的缘分是肉眼看不见的，但它会不会是前尘往事种下的因，命中注定会开花结果呢？人们常说世上没有偶然，所有的偶然都是必然。从我身上以及周围发生的事来看，这句话也许并没有说错。

缘分就这样一生十，十生百，与“感恩农法”结缘的伙伴越来越多，在大家的支持、照拂下，它从一株羸弱的幼苗长成了一棵参天大树。这是否也是大地的安排呢？因为大地一直在我们身边，我才能收获那么多发现，那么多感悟。他真是一个孝顺的好孩子啊。大地，老爸现在很幸福，谢谢你生在我们家。谢谢你，大地。

纱由美看到的前世

在这里，我还想感谢一位灵修疗愈师，大家都亲切地叫她“淳子老师”。在纱由美生病期间，淳子老师给予她非常大的帮助；之后，在我们感到困惑的时候，也会找她商量，每次都有醍醐灌顶般的收获。

我们是听朋友说有位技术了得的理疗师要来洞爷教授整骨课程，这才有机会和老师相识的。

没想到她还是一位具有灵力的人士，能够察觉到普通人无法感知到的事物。

大地离世后，纱由美便开始研究人类灵魂，她研读了大量相关书籍，比如饭田史彦先生所著的《创造生命的价值》和《与神对话》，一心盼望着能和异界的大地沟通。当时，虽然

“灵力”一词对大多数人来说并不陌生，可因为大地是我们自己的孩子，所以也没往那方面想，只是每天自发地和他说说话、聊聊天。

有一次，纱由美在佛坛前流泪的时候，忽然感受到某种神奇的异象。我并不清楚前世是否真的存在，也不了解通过静坐冥想能不能看到故人，然而那次体验仿佛让纱由美突然明白了自己回来务农、选择和我结婚的因由，对她而言，或许这是一段不可或缺的人生经历。

因为那段体验和我也有莫大的关系，过程十分奇异，所以请允许我在这里简单地描述一下当时她感受到的景象。

那是一个欧洲的城堡，纱由美是那里的公主，虽说贵为皇女，但实际上却是一位像圣女贞德般驰骋沙场的女将，这和现实中纱由美的气质倒是十分吻合。当时的她身披绣有金色玫瑰的蓝色长裙，用手捂着嘴，头抵在大理石柱上痛哭流涕。那番描写生动逼真，仿佛让听者身临其境。

她之所以如此悲痛，是因为自己的儿子被敌国掠去，惨遭杀害并被残忍分尸。为了报仇雪恨，她命令军队大举讨伐，然而无论报了多少次仇，都无法为她带来一丝慰藉。她无心政务，国势也日渐衰微。

在出事前，她经常带孩子去皇家农场玩耍，那是她唯一能和儿子共处的幸福时光。回想从前两人一起收割庄稼、迎接丰收时的情景，真是无比快乐。她忍不住想，要是一家子都是农民，天天都能守在一起安度岁月，那该多好啊。

纱由美肯定是在那一世快要结束的时候许下愿望，来生一定要生在农家，孩子承欢膝下，一家人过着平安喜乐的生活。

不过，你们肯定想不到我在纱由美的前世中也出现了吧，知道当时我是谁吗？没错，我竟然就是那个惨遭杀害的儿子。

听到这里，我惊呆了。

纱由美分享了看到那一幕时她内心的感受。

“我一直担心阿贵会不会死，心里害怕得要命，嘴里老是念叨着‘老天保佑，千万别让阿贵做傻事’，现在想想，原来这是前世留下的执念啊。还有我们俩一起务农的决定，说不定也是为了达成前世没能达成的心愿。”

“世上所有的相遇都不是偶然，一定是上辈子约好了下辈子再见，等相逢了一定要一起完成上辈子想做却没能做成的事。我和阿贵之所以能相遇、一起决定务农、组建和和美美的家庭，在和平安定的环境中打造一个人人都能获得幸福的世界，这正是我们上辈子的约定啊。”

纱由美竟然说出了这番大彻大悟的话。

没错，这么一说全都对上了。我的前半辈子每隔几年就会有亲朋好友去世，于是我便产生了“原来人会轻易死去”的想法，对于能不能活着这件事就看得很淡，而且真心觉得自己无论在何时死去都不奇怪，也无所谓生死，没想到她听后动了气，板起面孔把我训了一顿。

“你觉得自己死了无所谓，那我们呢？你让留在世上的我们怎么活下去？”

原来一切的背后都有着前世今生的因果羁绊，所以她才会一直耳提面命，希望我能好好活下去吧。

她在生病时还对我说过这样的话。

“世上每一桩事情都有其发生的意义，就算生病也是这样。我希望还有事等着我去完成，能为别人出份力，要是没有人需要我了，那我就去找大地。”

当时她性命难保，却能说出如此豁达通透的话，实在让人钦佩。我想，她一定在和大地所在的那个看不见的世界对话。

就是在那个时候，纱由美认识了淳子老师，受到了许多点拨和指导。两人相识的那一天是大地离去后刚满三个月的日子，也恰好是纱由美的生日。她深信这是大地送给她的生日礼物。

前文中曾说起过，满月之夜，纱由美开始不停地排尿，整整三个晚上都待在洗手间没法出来。在接受淳子老师的治疗时，她曾对我们说：“纱由美身体里的水告诉我，它们现在还不想出来，于是我就对它们说，那就到想出来的时候再出来吧，并且给它们指明了出口。”

纱由美在连续排尿的时候肯定也在想：啊呀，肚子里的水终于想出来了，谢谢啦，看来我命不该绝。

到了下一个月的满月之夜，同样的事再次发生了，纱由美原先浮肿的脸和身体就像漏气的气球一般消了肿，30 公斤的水全部排出体外，病竟然不治而愈。

在这之前，纱由美尝试过一些方法，期间也曾请教过灵修师。当时她一门心思想问一问大地，究竟为什么要远行，可一直都没能找到投缘的人。直到遇见了淳子老师，纱由美心里陡然响起一个声音：就是她了。也正是在淳子老师的教导下，我们学会了如何从大地那里直接获得信息。

她从来不会妄下判断，也不会发号施令来指导我们应该做什么，而是谆谆询问：“纱由美自己觉得呢？你感觉大地对你说了什么？”她不会加以诱导，也不会随意地把自己的解读强加在我们身上，而是自始至终将调动我们自身的感知力放在第一位，对于当时不惜一切代价都想和大地说上话、同时又毫无头绪的我们而言，她无疑就是灯塔般的存在。

有意思的是，淳子老师在看音乐剧《大地》的时候就曾说过：“这和我心里看到的场景一模一样。”在看电影《大地花开》时，她也表示，最后一幕无人机从空中拍摄的农场全景以及“大地畅游会”的远景也和通过大地视角看到的情景别无二致。

我对灵力世界的了解极为有限，但是过往经历告诉我，构建这个世界的并不是只有眼睛看得见的事物。因为大地，我们才能与像淳子老师这样非同一般的人相遇相识，为了能进一步探索生命的奥义，我想更深入地了解无形无状的世界。现在，我深深明白了一个道理，看得见的事物和看不见的事物是彼此相融的关系——你中有我，我中亦有你。

各种生命欢聚一堂的农场

最后要向大家介绍的就是我们农场的员工们。

他们每个人都有不同的人生际遇，最终都来到了农场，这是怎样深厚的缘分啊。我打心底里感谢每一位员工，我们风雨同舟，一同流泪，一同欢笑，也一同见证了彼此的成长。

现在很多人都听说了“感恩农法”，还有不少人来我们农场表示想在这里工作。

其中很多人是因为性格内向，不善于和别人打交道，所以想在大自然中与植物为伴平静度日。虽然觉得很抱歉，但我还是婉拒了他们的请求。人是能说话的生物，就算不善言辞，也一样可以通过观察神情、肢体语言来揣摩对方的心情，可以说人是非常容易沟通的对象。植物的情况则比人微妙许多，它们既不能开口，也没有表情，要想知道它们的需求绝非易事。可如果做不到这一点，就没法实施“感恩农法”了，所以能与植物沟通是进农场的门槛。

植物不会口不择言，也不会指责抱怨、出口伤人，但如果因为这样就觉得植物比人好对付、不把它们当回事那可不行。我希望和我一起共事的员工都能抱着谦逊的态度，虚心向植物讨教。

人一旦有了谦卑之心，人际关系中曾让人苦恼的问题就会烟消云散。我和纱由美也曾在人际关系中摔过跟头吃过苦，所以对这句话的体会无疑更深。

我们员工中有不少像之前的小山小姐和岩崎导演那样“自我厌弃”的人，但在接触“感恩农法”后，自身都在慢慢发生改变。

比如，要是有人骂你“有毛病”“害人精”，你心里会怎么想？肯定会觉得不开心吧。被人这么劈头盖脸地批评，换作是谁心情都不会好，“原来我是一个跟害虫、病原菌一样没用的人”，这种想法无疑会伤害自尊心，使人变得消沉，有些人甚至可能失去求生的意志。

然而，在“感恩农法”中，害虫和病原菌却是极有价值、令人心生感佩之情的存在。它们帮助人类为蔬菜、土地解毒，是无可取代的小生命。所以当有人说你“就是个害虫”，完全没有必要觉得沮丧，如果有人说你是“病原菌”，你反而应该觉得高兴，“原来我能派上这么大的用场啊”。

每个人都有自己阳光的一面，同时也有阴暗之处。对“感恩农法”感兴趣的人大多心地柔软、感性善良，他们往往更容易发现并且在意自己身上负面、消极的一面，也正因如此，就不太容易接纳、喜欢自己。其实，无论好或不好，都不过是自己的主观判断。

认为自己一无是处，那就等同于说害虫是没有价值的，这种想法真是大错特错。从某个时间点开始，我变得非常喜欢虫子、野草和微生物，它们在农田里默默地工作着，只要一看到它们，我就会不由自主地高兴起来，幸福感油然而生。让我对它们痛下杀手，对不起，我办不到。所有的生命体都有它存在的理由。

接触过“感恩农法”的人都会有这样的感觉。对于自己身上的阴暗面，不用自责，也无须改正，缺点也好、消极的自我也罢，都曾在你成长的过程中帮到过你、发挥过作用。这是值得高兴、值得感激的事。正是因为抱有这样的想法，我们农场里的员工个个都意气风发、神采奕奕。

这是农场最引以为豪的事。员工们充满激情、充满干劲，庄稼才能茁壮成长。当每个人都能充分展现自己的个性，他们的生命就会散发耀眼的光芒……如此一来，地球不就变成了一个生机盎然、充满爱与和平的地方了吗？

所以说农场不仅得到了大家的全力支持，同时也离不开虫子、野草、微生物的鼎力相助，这里成为众多生命聚集的地方，我们一起快乐地工作、快乐地玩耍。每一个生命对于这个世界而言都是独一无二、不可替代的存在。

同时，我认为我们必须再接再厉，进一步推动农业的发展。让我们的目光聚焦在丰收上，一同走进一个开启与大自然循环规律相契合的新农业时代。

关注丰收，朝着传递生命、循环不止的农业进发，这就是农场全体员工携手奋进的目标。

衷心祈愿每位读者都能拥有光辉耀目的生命，尽情体验每一段精彩人生。

第五章

农场的珍宝

“感恩农法”即为生存之道

农场的经营理念就是：“用生命连接未来，用循环传递生命。”

我想通过农业和大家一同思考生命这一课题。务农是最适合思考生命的工作。毕竟，工作环境中到处都充满了各种各样的生命体。

“感恩农法”虽然被称作农法，但它并不仅指农业的运作方式，在我看来，它更像是一种生存之道，一种名为“感恩农法”的生活方式。依照这种生活方式，人生之路能走得更加坦荡顺畅。就算途中遇到困境，也不会愁眉不展或惊慌失措，而是由衷地感到幸福喜悦。

我每天都有这样的体验，其实这并不是什么难事，每个人都能做到。接下来我就和大家分享一下其中的道理。

农业是一个非常重视大自然作息规律的行业。深秋时节，果实成熟崩裂，种子落入大地。在北海道，种子会在大雪覆盖大地前落进泥土。大家也许会认为，埋在雪堆底下的种子应该很难存活了吧，可事实上，大雪覆盖下的泥土非常暖和，换句话说，是大雪保护了种子。等春天来临，种子就能长出新芽。这时候的蔬菜特别好吃，生命力也特别旺盛。到了夏天，暑热难耐，农田里生长的都是可以让身体降温的果蔬，比如番茄、黄瓜、西瓜等。秋日里为了迎接紧随而至的寒冬，需要多吃一些能让身体积蓄能量的食物，这时田里就会盛产谷物、南瓜、土豆和红薯。冬天的农作物可以让身体变得暖和，同时也为下一轮种子发芽做好准备。与大自然的节奏保持同频是“感恩农法”的基本原则。

经营公司也是同样的道理。企业也是一个生命体，其运作也分阶段，创建新公司、推出新产品就像四季中的春天。虽说春天是草木萌芽、万象更新的时节，但若是没有做好前期准备就贸然成立新公司，那之后恐怕也是前景堪忧，创业前的准备就像在田里播种，产品研发、营销、建立人脉，任何一个环节都缺一不可。只有这样，种子才能破土发芽，产品才能顺利售出。

然而，如果只是一味追求把产品卖出去那就大错特错了。毕竟秋天还是会如期而至，等到产品卖不动了才开始着急那肯定为时已晚。应该事先考虑到这一必然变化，并为下一次播种、萌芽积蓄力量。同时，部署之后的经营战略也非常关键。等种子落土后就进入了需要耐心等待的时期。只有当这一过程畅通无阻并能周而复始，公司才能顺利运营下去。

自从我接手农场后不知道在谷底摸爬滚打了多少回，直到今天也依然在摸索中前行。后来，我和“感恩农法”相遇，虽然仍在困境中挣扎，但总觉光明就在前方，那光虽然微弱，却支撑着我挨过艰难困苦，一步步走出困境。

我一直在思考什么样的经营模式才能充分体现“感恩农法”

的宗旨。之前总觉得没法理清头绪，不过现在总算有了点思路，接下来我就向大家简要介绍一下。

现如今，我们已经进入一个商品卖不出去的时代。

在物资丰足的日本，不管走到哪里，都能看到卖不掉的物品。

我发现在这样的背景下，顾客买东西时看重的是这件商品背后的“故事”。钱究竟花在什么地方？今后等待我们的又是一个怎样的世界呢？

在日本，有无数人想为打造一个更加美好的日本贡献出自己的力量，而这一点恰恰是我在为自己的理想呐喊、在销售自家蔬菜的过程中领悟到的。

“我买感恩蔬菜就是为了支持阿贵。”说这话的顾客不在少数。等买回去一尝觉得好吃，于是便成了回头客，而且还通过口口相传，把美味的蔬菜分享给亲朋好友，这样一来，慕名而来的人越来越多。这便形成了一种良性循环的经营模式。

通过购买蔬菜这一行为，顾客们对社会发展做出了直接贡献，买家与卖家共同发挥了重要作用。购买、食用农场的蔬菜，不仅能让身体变得更健康，同时还能让社会变得更美好。在大家的大力支持下，我家蔬菜的销路越来越好，每每想到这里，我都会感动得眼眶发热。

在我看来，购买蔬菜的所有顾客都是和我们拥有同一梦想的重要伙伴。

在农场的众多伙伴中，还有一位曾向全国民众推荐感恩蔬菜的人士，他就是“人与经营研究所”的大久保宽司先生。宽司先生曾在IBM就职，在工作中他意识到企业的核心要素就是人，于是开始在全国各地开展指导人才培养的工作。当他得知农场的奋斗经历后大受感动，呼吁大家都来支持农场，同时帮我们牵线搭桥，广结善缘。

“请大家都去购买品尝农场的蔬菜，一同携手让日本拥有更美好的明天。”

他在全国各地为我们奔走宣传，此举得到了各界人士的积极响应，大家都表示要“齐心协力为日本共建美好未来”。就这样，农场得到了各方协助，成功推行了“感恩农法”，一想到这，我就感到无比自豪。

“感恩农法”不仅是让所有生命都能焕发光彩的农耕方式，同时也是一种生存之道。如果能推广普及这种农法，地球母亲肯定会感到欣慰的，她若心生欢喜，必将福泽人类。如果能实践“感恩农法”，像这样循环不息的社会就不再只是梦想了。

倘若购买商品的顾客都能成为支持这一理念的伙伴，那么不仅是农场，还将有越来越多立志于投身“感恩农法”的年轻人、身体越来越健康的民众，都会成为这颗实现良性循环星球上的一员。

这便是我愿意穷尽一生为之不懈奋斗的远大志向。

坦然接受生命原本的样子

最近，我一直在思考“活着的意义究竟是什么”。虽然存活于世看似理所当然，然而仔细想想，活着其实是一件非常了不起的事。

不仅是人类，就连虫子、野草、微生物，每天都要完成自己分内的工作。其实，光是好好活着就足够拿满分了，可我却觉得还不够，我想要 200 分，甚至 300 分。

在我看来，活着就意味“充分利用生命存续的时间”。每个人、每个小生命都有自己的寿命，都想在这段有限的时间内拼尽全力，好好地活一把。这样一想，无论我看到哪种生命体，都会心生怜惜。

我曾经种过胡萝卜，一开始，种出来的胡萝卜只有小手指那么点大。

怎么办？难道就这么扔掉吗？等一等。就算没长好的胡萝卜也是生命，它们也在拼尽全力，分秒必争地活着。让这些生命尽最大可能活出自己的精彩，不正是我们农家的职责所在吗？

就在这时，纱由美说了一句很有意思的话：“这不是迷你胡萝卜吗？太可爱了，咱们就当成迷你胡萝卜来卖吧。”

这些小个子胡萝卜不仅有橙色的，还有黄色和紫色的，我们把各种颜色搭配成一盒售卖，没想到居然大受欢迎，来买的人都说“好可爱！”“光是看着都觉得开心”。要是胡萝卜会说话，也一定会兴奋得连呼“万岁”吧。

我还种过洋葱。采收的时候发现个头比乒乓球还小。怎么办？刚动了要不就扔掉的念头，纱由美又来了一句：“咦，这不是樱桃小洋葱吗？看上去好好玩啊。”

这一次也卖得非常好。

田里的农作物有些长得精神漂亮，有的则不尽人意，但绝没有不合格蔬菜一说。

撒下种子，种植蔬菜，如何让它们的生命力发挥到极致，那是农家应该考虑、完成的事情。个头有些小，模样有些丑，这些论调都是人类的主观判断。从生命本身这一角度来看，个头大小、模样美丑都不是重点，最要紧的是生命本身。所有生命体都应善用生命存续的时间段，尽力生长，好好活下去。如果只是因为长得小就被认为不合格然后随意丢弃，那就是不顾及他们的感受。胡萝卜和人一样都是生命体，如果能考虑并感受它们的生命，那我们才能更深刻地思考和体验自己的生命。“感恩农法”的要义就是对世间万物都感同身受，这也许就是“感恩农法”最伟大的地方吧。

不再苛求庄稼能长得更高更大或是又挺又直，而是坦然接受生命原有的样子，这便是“感恩农法”所倡导并彰显的精神。

养育子女也是同样的道理。

这世上有各种各样的孩子，学习成绩不佳的、不擅长运动的、没法集中注意力的、调皮捣蛋的、身心不健全的……然而，绝对没有不合格的孩子，一个都没有。为人父母者，应该积极主动地去发现、挖掘孩子擅长做什么，思考如何能让他们在长大成人踏入社会后找到一席之地，发挥所长，安身立命。

只要走进农田，你就会明白世上没有什么是不合格的生命。一开始，我也曾哀叹“怎么会种出这么小的胡萝卜啊，太失败了！”，然而此言差矣。作为生命，它们都在倾尽全力，拼命生长。接受生命原本的样子，这就是我在农田里获得的最好的馈赠。

从关注生命开始

每一个小生命都不会自暴自弃，不仅不放弃，它们还会想尽办法，尽可能长久地活下去。每次看到腐烂的生菜，我的心都会受到触动。

大家都认为腐烂的生菜就没法当成商品出售了，这话虽然没错，但因为我一直在思考生命究竟是什么，所以我总觉得腐烂的生菜好像还在挣扎，还在努力传达着什么信息。

即便已经烂成了一摊黏稠的液体，可它们依然没有放弃，为了尽可能地发挥作用，它们拼尽全力地想要延长生命。这难道不是一种可贵的勇气吗？

烂掉的生菜也能发挥极其重要的作用，它们化成汁水滋养大地，好让下一代茁壮成长。

回想当初，我刚刚涉足农业便连遭打击，很快陷入抑郁状态，之后又痛失至亲骨肉，整个人失魂落魄，和烂掉的生菜没什么两样。那时的我心如死灰，觉得自己的人生一败涂地，不如就此放手，一了百了。

所幸在那个时候，田里的蔬菜、虫子，还有大地教会了我一个道理：即使是烂塌塌的生菜都没有放弃，因为还有未尽之事需要努力。从它们身上，我找回了丢失的勇气。

我仿佛听到腐烂的生菜这样问我："如果知道明天就会死去，今天的你会怎么度过？"

那当然得尽情尽兴地好好活啊。哪怕只有短短一天，也要酣畅淋漓地活一把。我们每个人都在消耗有限的生命，一路走到了今天，每一分每一秒都极其宝贵。我不想只为自己而活，我要珍惜光阴，把它用在更重要的事上。

我不仅要活出自己的精彩，还要帮助身边的人，让他们的生命也能绽放光芒。

之所以会有这样的想法，是因为一瞬间的感悟。

儿子走后的第二年，我站在田里，一种释然的心情突然涌上心头。

"我的儿子大地去世了，从今往后，脚下这片大地就是我的孩子，为了它，我要好好活下去。"

所以当我播种的时候，我会跟土地打招呼：“嗨，大地，拜托了。”

收割的庄稼不那么尽如人意时，耳边就会传来大地的声音：“老爸，真对不起，大地已经很努力了，可还是不行。”

我则会这么回答：“别这么说，田里种出来的都是棒棒的小生命。”

我把大地教会我的道理又重新说给大地听：“它们都使足了劲拼命活到现在，为了和其他生命发生关联才来到世间，老爸的工作就是把这些小生命养大，然后把它们送到它们想去的地方。”

每次去田里，我都是这样一边和大地说着话，一边忙着手里的活。

有没有觉得务农真的是一份相当不错的工作呢？

如果没有务农，也许我也会有同样的感悟。

现在回想以前在俱乐部当游泳教练那会儿，其实有许多需要反省、改进的地方。当时，我扔掉秒表，跳进泳池，和孩子们一起嬉戏玩闹，这种做法导致他们的成绩迅速下滑，我也因此辞掉了俱乐部的工作，这才走上了务农的道路。不过，我也在思考，如果当时没有辞职，之后会变成什么样子。

丢掉秒表不再纠结成绩后，我和孩子们拉近了距离，比起之前的魔鬼教练，他们更愿意亲近一起跳进泳池里玩耍的我。就这样，一段最重要、最宝贵的信赖关系就此建立。

在这个前提下，如果重新开始训练，会发生什么呢？孩子们的游泳成绩肯定会突飞猛进吧。

我终于明白，无论从事什么工作，关注生命本身永远是第一要务。

我曾经像颗腐烂的生菜似的终日萎靡不振，不惜伤害对方也要争出个是非对错，最心爱的儿子突然离我而去，农场因为经营不善濒临倒闭，妻子身染重疾随时都有可能撒手人寰……好不容易咬紧牙关，我才走到了今天，终于可以坦然面对生命。

我知道世上有许多人和我一样，历经磨难，饱尝苦楚，却还要继续艰难度日。作为过来人，我希望自己在艰难历程中所获得的感悟多少能帮到大家，发挥一点点作用，正是出于这个初衷，我举办了名为“大地学校”的讲演活动，向大家介绍起“感恩农法”的生活方式。

经常会有人问我应该如何实践“感恩农法”，其实，“感恩农法”是面向所有生命的哲学。请大家想一想，基于“感恩农法”的思考方式，农作物、野草、虫子应该如何与土地和谐共生呢？诸位也请想想自己的工作环境，认真思考该如何与同事相处，如何实现部门与部门之间的沟通，如何面对不同的生命。

我没有资格手把手地教大家该怎么做，顶多只能提供一些思考问题的切入点和线索。在找到方法之前，请先关注生命本身，在此过程中，方法就会自然而然地浮出水面了。

感谢给予我感恩的机会

我按照小林正观先生书中的建议，重复了相当于自己年龄一万倍次数的“谢谢”，从而改变了对周遭事物的看法，也因此学会了感恩世间所有的生命。

大家都说，“重复了 36 万遍感谢，实在太厉害了”。可是仔细想想，如果下定决心要对一切生命表达感激之情，那 36 万遍仅仅只是个开始。

如果对自己身体的每一个细胞说一声“谢谢”，那就得重复 37 兆遍。肠道内的细菌一直在为我们努力工作，因为有了它们，我们才能活在世上，估算一下，那些细菌应该有 100 兆个。谢谢、谢谢、谢谢……这一声声感谢怕是要说到地老天荒了。

细胞也好，肠道内的细菌也好，都会随着时间不断地进行新老更替，旧的细胞自行消亡，新的细胞马上生成并填补空缺，数量之庞大已经无法计数。

也就是说，我们身边可以表达感谢的对象多得数也数不清，就算把“谢谢”二字说上一辈子也说不完。

能无休止地表达谢意，这样的机会岂不是上天赐予我们的珍贵礼物？

不吃饭就没法活下去，也许这也是为了要让我们懂得感恩吧。

作为一名职业务农者，我希望所有和食材产生交集的人都能绽开笑靥，如果能对那些让我们得以活下去的生命体表达感激之情，那笑容就会自然浮现在我们脸上。

吃饭这件事，原本就是为了带给人们幸福感而存在的，这是因为构成食材或与食材密切相关的生命体希望能让吃饭的人体验快乐。无论是购买食材、去餐厅用餐，还是用心做一顿饭，都是希望家人、伴侣或朋友感到幸福愉悦，感受生活的美好。

每个人都离不开食物，而食物又让不同的生命体彼此之间发生关联。无论是谁，都希望能让身边的人感到快乐。如果通过“感恩农法”能让更多的人知道其中的道理，那我就功德圆满了。

最后，我想重新总结一下“感恩农法”五大原则的要义，也请大家拨冗再次阅览。

1．认同生命力

无论是人还是植物，没有哪个生命体仅凭一己之力就能存活于世。就算是自己的身体，能凭借意志控制的机能也非常有限。

支撑我们活在世上的力量就是生命力。认同生命力就是“感恩农法”的第一条原则。

2．感受能量

无论是人、植物、物质还是场所，这所有的一切都具有能量。可以尝试自我训练，学习感受能量。能量是取之不竭的，然而人们总是你夺我抢，争得不亦乐乎。其实只要与能量源产生关联，那么无论能量大小都可以慷慨分享给他人。这样的生活方式或许就能让所有的生命获得幸福。请大家一定要尝试感受能量。

3．相信丰收

所谓丰收即为无限能量的发源地，也可以说是大自然的恩赐。要与丰收产生连接，关键就在于要相信丰收。一直以来，丰收都希望连接世上所有的生命体，然而因为人类不相信它的存在，连接就此中断。丰收如同能源的充电器，只要相信它，就能源源不断地从中获取能量。

4．了解阴阳

世上万物都遵循阴阳法则，从而建立起彼此之间的关联。尽可能达成阴阳平衡是大自然颠扑不破的定律。比如，偏阴性的土地上会长出偏阳性的野草，这就是自然万物会想办法取得平衡状态的例证。若了解阴阳，便可洞悉身体健康及人际关系的真谛。知晓阴阳，我们就能找到出路，走出困境，摆脱危机。

5．确保循环连续不断

这是大自然最重要、最根本的法则。如同莫比乌斯环，大自然既没有起点也没有终点，一直都在不断地循环往复。然而，大自然的循环并不是在同一个地方不停地绕圈，而是呈螺旋状持续运转着。如果循环能顺利进行，那么田里就能种出美味可口的果蔬，人生道路就会变得开阔畅通，灿烂辉煌。请大家确认一下，看看自己为人处世的方式是否符合循环法则。

在我领悟了这五大原则后，不管遇到什么样的苦况都不会心灰意冷了。也就是说，从一开始我就没把它当成困难，就算身患疾病、身无分文、年华老去，我一样能感到幸福。这难道不就是最豁达的人生吗？

所有这一切都归功于五大原则，以及实践五大原则所带来的收获。

衷心希望越来越多的人能将五大原则内化于心并身体力行。

后记

尽在感恩中

“我想从事被人们需要的工作”

早在务农之前我就一直怀揣着这种愿望，为此我东奔西走，不断地尝试，可就算忙到筋疲力尽却依然未能如愿，受挫的经历多得已经记不清了。

然而，通过实践“感恩农法”，我意识到，被人需要其实很简单。蔬菜和虫子教会我懂得自己之所以能活在世上，多亏了身边众多小生命的通力协助，仅仅明白这一点就足够让人心生欢喜了。无须一味追求被需要的感觉，而是要意识到周遭的环境里存在着那么多对我们而言必不可缺的生命体。

每天早晨，我都会开着小货车，沿着农田慢慢绕圈。我摇下车窗，跟田里的生菜、卷心菜、胡萝卜打招呼，“早上好”“太谢谢啦”“今天感觉怎么样？”不只是农作物，还有飞来飞去的蝴蝶和与庄稼同样重要的野草，还有泥土中无数看不见的微生物，我也同样向它们致以问候。

这一声声问候包含了希望它们能活得精彩的美好愿望。对我而言，它们都是不可或缺、无可取代的亲密伙伴。

只要它们努力工作，发挥作用，田里就能种出能量满满的蔬菜，享用这些蔬菜的每一个人都能精神抖擞、快意舒畅地投入到自己的工作和生活中。这些感激、喜悦之情最后会回到我这里，而我也能因此收获更多的幸福。

我的职责就是好好培育蔬菜，把它们送到能高高兴兴享用它们的人手中。对于蔬菜而言，喜欢它们的人越多，它们的生命之光便会越闪亮夺目。

对于蔬菜和享用它们的顾客来说，我也成了不可缺少的存在。在我和农作物、野草、虫子、微生物以及我和顾客之间，形成了这种彼此需要、紧密相连的羁绊。

世上没有哪种关系是单向的，而仅凭一己之力是无法帮到他人的。这个世界有提供帮助的人，也有接受帮助的人，正因如此，不同的生命才会产生关联进而熠熠生辉。

如果有人觉得你对他来说非常重要，请你也一定告诉他，在你的生命中他也一样不可缺少。请笑着对他说："一直以来，多谢了。"如果不断地向对方表达感谢，对方也一定会报以同样的谢意，由此就能建立起互信互助的关系。

我曾经历千辛万苦，但正因如此，才会遇见"感恩农法"。我的体悟是，在痛苦的时候，"谢谢"说的次数越多，就越有可能将苦楚转化为喜悦。如果只是一味抱怨、发牢骚，那就看不到希望的曙光。一声"谢谢"能让你意识到说不定远处有光，无论那光多么细微，都能让你燃起斗志，朝着微光努力前行。

感恩有那么多生命给予我帮助，我才能发现光、迎向光。如今，那段艰难的历程已经被编成了音乐剧、纪录片，这次又在编辑铃木七冲先生的大力支持下出版此书。幸运如我，获得了这么多生命体的体恤与关照，所以我更希望这个故事能给身边的人带来力量，于我而言，这一点意义重大。

历经艰难困苦、抱有惨痛回忆的人肯定不止我一人，还有许多人遭遇过或者眼下这一刻正遭受着更加深重的苦难。如果这本书能为尚在黑暗中摸索的人提供一些走出困境的指引，哪怕只是发挥一点点作用，我就已经心满意足了。

如果用务农来打比方的话，那痛苦就像应该被赶尽杀绝的害虫、野草，或是像病原菌那样让人生厌的微生物，这些碍手碍脚的家伙，最好统统被消灭掉。然而，在推行“感恩农法”的农业中，害虫、野草、病原菌非但不是坏家伙，反而是值得我们感谢的伙伴。同样的，在“感恩农法”的生存之道中，痛苦也不再令人痛苦，而是值得感恩的可贵经历。

为了所有不可取代的生命，也为了更好地将大地教会我的一切分享给大家，我会不断求索，继续迎接新的挑战。

村上贵仁